刨冰

for Professional

夢幻冰涼逸品開店教本

瑞昇文化

日式刨冰的發展性

『埜庵』老闆／刨冰文化史研究家

石附浩太郎

本書出版的2019年是日本邁向新年號的一年，而新年號開始的5月1日正好是埜庵搬到鵠沼重新出發的那一天。今年埜庵正好邁入第15年（從鎌倉草創時期算起的話是17年）。藉著迎接新的一年，讓我有機會重新回顧日式刨冰的歷史和自己的刨冰店。

說到日式刨冰的歷史，不得不提到清少納言的《枕草子》。

「刨冰調入甘味作料，盛裝在新的金屬容器內。」

用刀具將刨細的碎冰放進遠渡重洋而來的金屬製器皿中，淋上樹汁煎煮製成的糖漿。在《枕草子》第42段「高貴的事物」中這麼記載。如篇名所示，冰在當時是極為珍貴的高級品，吃冰是少數權貴才得以享有的待遇。不同於現今這個時代，古代的冰塊並非隨時垂手可得之物。現在只要跑趟超商就買得到冰塊，家裡的冰箱角落也總是躺著隨時供取用的冰塊。因為過於理所當然，反而沒有人覺得感謝。事實上，平民百姓自由享用冰飲的歷史並不長，以日本來說，大約始於明治時代（1868～1912年）。從《枕草子》的時代（1001年）算起，約莫過了900年，平民百姓才吃得到沁涼的冰品。

在清少納言時代（966～1025年），宮中有專司水與冰的部門，由此可知冰塊在當時是非常重要且特別的食材。

到了江戶時代（1603～1867年），情況依舊未能改變，冰塊依然珍貴到只能作為獻給德川家的貢品。歷史曾記載，搬運冰塊那一天，江戶市民總會聚集而來，為的是那些冰塊融化後的冰水。對平民百姓而言，嚐到一口冰涼的水是件極為奢侈的事。史書中也曾記載，江戶時代的南國土佐藩曾於四國深山裡建造冰窟。而說到高知，聞名一時的紀貫之（土佐日記的作者）也曾經以國司身分前往高知赴任。說不定當時的先進冰窟技術是透過這些皇室貴族擔任地方官吏的機會順勢推展至各地。這樣的思考方式似乎有種很浪漫的感覺。

人類大約從什麼時候開始得以在各種季節裡都能取得冰塊呢？先前提過日本大約是從明治時代起，而就全世界來說，則大約是1830年代發明壓縮式冷凍機之後。因此，明治時代以前，與其說是製冰，倒不如說是一部將冰塊從冬季保存至夏季的人類智慧史。我個人認為近代冰塊歷史應該從明治時代以後算起。

進入明治時代後，冰塊的保存與製造技術逐漸普及，冰塊不再專屬於特權階級。由於一般百姓也能輕易取得冰塊，冰品在當時還引起一陣熱潮。對當時的平民來說，「冰涼」帶給他們的好滋味是現代的我們難以想像的。若說「溫潤」是人類初嘗的好滋味，「冰涼」應該算是最終獲得的美味。

日本人以自己的獨特方式將「冰涼美味」化為具體，那就是「日式刨冰」。天熱時想吃冰涼的東西是人類出於本能的生理渴望。若要探究今日的冰菓起源自哪個國家，似乎有點困難，畢竟人類自由取得「冰涼」也才一百多年，大家只要將世界各國不同的冰菓視為各個國家的飲食文化就好。美式冰淇淋、義式冰淇淋、雪酪，以及日式刨冰。

其實在近幾年以前，刨冰是專屬於夏季的冰品。埜庵初創業的2003年左右，會在冬季吃冰的人終究只有一小部分。一整年吃冰反而會被視為「怪人」。然而這種觀念終於在近幾年被推翻了。雖然也才短短10年左右，但對刨冰來說，已經是足以扭轉百年歷史的巨大變革。

有了天冷也吃冰的觀念後，許多之前不曾有過的嘗試紛紛出籠。首先是在冬季使用冬季食材製作糖漿。明治時代一開始流行的是像檸檬水般以柑橘類水果製作成的糖漿，這是最適合冬季的刨冰素材了。其次是「草莓」。使用冬季水果製作糖漿的「新手法」逐漸普及後，「刨冰」市場一口氣蓬勃發展了起來。

當時我非常認真思考要將冬季吃冰這個行為正當化，為了不讓冬季來埜庵吃冰的客人在職場或學校被當成「奇怪的人」。那時我首先想到的是「W草莓」。將新鮮草莓做成的草莓凍放在淋上草莓糖漿（同樣使用新鮮草莓）的刨冰上。透過草莓凍和刨冰之間的溫度差，讓口中的溫度不會過低。於是，一道專屬於冬季的日式刨冰誕生

了。「想品嚐美味的草莓刨冰，只有這個季節才有機會！」透過大家的口耳相傳，冬季刨冰逐漸風行起來。

使用優質食材讓刨冰身價水漲船高，今非昔比。也因為顧客的消費觀念改變，願意為一碗要價不斐的刨冰掏腰包，這樣的意識改革一舉帶動刨冰產業的發展。一開始同業說「太貴了！」，但如果繼續維持過去一碗刨冰300日圓的價錢，我想現在應該不會有這麼多在質感上求新求變的創意。小孩自己拿著零用錢來吃冰的情景或許減少了，但我想打造的是「親子能夠一起共享刨冰」。看到現在的景象，我想我的願望已經成真。近幾年來，日式刨冰除了使用各種新穎的食材，甚至還活用打泡的料理方式、塑造成蛋糕形狀等過去不曾有過的「新技法」，讓刨冰有了全新的「進化形態」，直到現在，刨冰也仍舊不斷精進中。

另一方面，刨冰的發展並非只發生在器皿中。4年前的2015年，一場由美國最盛名的料理學校『美國廚藝學院（簡稱CIA）加州分校』所舉辦的活動中，多位日本主廚以亞洲代表的身分在全美料理相關人士面前針對日式刨冰進行演說。那次真的非常感謝SUNTORY（三得利）的邀請，讓我有機會前往美國介紹日式刨冰。現在回想起來依舊覺得萬分緊張，真的是一個非常棒的體驗。

最令我感到開心的是在寬敞的中央廚房一切準備就緒後，許多外國主廚自然而然湧上前的情景。最初大家對我們的作業感到好奇，覺得「不需要像製作彩虹冰那樣費事吧！」但最後連當地料理名人也讚不絕口，人人將「AMAZING！」掛在嘴上。這對日本人來說是至高無上的榮耀，同時也讓我再次強烈感受到日式刨冰還有無限的可能。

日本料理在全世界引起一陣熱潮，而日式刨冰在海外也相當受到歡迎，尤其是亞洲國家。在鄰近的韓國和台灣，日式刨冰店如雨後春筍般到處林立。日式刨冰在海外的發展似乎還遠遠超過日本當地。

另一方面，近幾年來國內也積極引用刨冰作為振興市鎮的一環，除了我所在的地區，山梨縣北杜市和新潟縣長岡市、燕三條市也都積極參與。

PROFILE

石附 浩太郎

KOTARO ISHIZUKI

1965年出生於東京都。大學主修商品學，曾任職音響機器製造商，2003年離職後自行創業，在鎌倉開創一間全年供應冰品的刨冰專賣店『埜庵』，並於2005年搬遷至藤澤市鵠沼海岸。使用當季水果等食材調製獨創的糖漿，充分表現四季美味的刨冰吸引大批客人前來朝聖，即便寒冬中，忠實粉絲仍舊絡繹不絕。

山梨縣北杜市使用天然水源和水果等當地特產製作成冰塊、糖漿。在推行農業六次產業化之際，刨冰也因此成為振興農業的突破性提案。

新潟縣的長岡市、燕三條市以「金屬加工·製造業」聞名。講究刨冰機的冰刃，並致力於製作不同於過往的新穎刨冰機，這也讓打造新市鎮的開發工作露出曙光。

最後，我想從商業角度來聊聊刨冰。之前的餐飲業都是基於規模效益來創造利潤，但現在這種型態已逐漸瓦解，自己打造的體系難以靠自己維持下去。雖然深受慢性人手不足所苦的是大型連鎖餐飲業，但在現在這個大環境中，即便個人的小本經營也可能會陷入苦戰中，尤其刨冰更是一種不容易產生經濟效益的商品。即便一次性大量生產，也無法讓客人打包回家或上網販售。所以無論連鎖店或個人經營皆處於同樣競爭條件下，而類似這樣的商品肯定還有很多。話說回來，正因為經營環境中還存在一些不會慘遭大企業踩躪的市場，獨具個性的小店才會如雨後春筍般不斷冒出來，新型態刨冰業即是最佳範例。不論是器皿中的內容物或器皿外的經營，這個刨冰世界還有許多新事物等著身處這個環境中的我們去發掘。

雖然以「日式刨冰的發展性」為題向大家發表許多個人想法，但這個標題似乎不太妥當，畢竟刨冰無法加熱，是種隨時可能伴隨風險的飲食。在刨冰風靡全國的現今，身為營運者的我們更應該意識這一點。在大型餐飲業與個人經營戶必須共體時艱的情況下，經營者必須思考可以提供更多顧客使用的方法。會因季節性或熱潮而引爆來客數的刨冰，時常得擔負「攬客熊貓」（註：比喻商家用來吸引客人的方法或特殊商品）的重責大任。以刨冰來說，為了招攬客人，比起討論「該做些什麼才好」，更重要的是「我們必須做什麼才行」。我們每一位經營者都要強烈意識到這一點，我們深信對未來的日式刨冰發展來說，認真用心思考刨冰的安全性並加以實踐才是最重要的一件事。

CONTENTS
日式刨冰 for Professional

閱讀本書之前

○本書主要介紹人氣刨冰店的食譜與各式各樣的菜單。另一方面，深入解說關於冰和糖漿的知識，將有助於經營刨冰店的相關資訊全部彙整於書中。

○書中所蒐集的內容為2019年3月為止的資料。店家最新消息、刨冰價格、材料與製作方法、外觀設計隨時可能產生變動。

○Chapter2、Chapter3中的材料與製作方法完全為各家刨冰店所提供。分量上有「適量」、「少量」等區別，大家可以視情況和喜好自行選擇。另外，火候大小和烹調時間皆基於各店所使用的設備和機器。這些數值只是參考依據，請大家視情況調整。

---

101 CHAPTER 4 排隊夯店的百變日式刨冰

160 MONIN糖漿主宰刨冰的滋味！以出眾美味贏得人心的韓國刨冰
／『SNOWY VILLAGE 新大久保店』

---

163 CHAPTER 5 日式刨冰店永續發展100年
～打造受歡迎的長壽刨冰店～

監修／『埜庵』老闆 石附 浩太郎

CHAPTER 1

關於日式刨冰的「冰」

ABOUT ICE

監修	埜庵 老闆 刨冰文化史研究家
	石附 浩太郎 ISHIDUKI KOTARO

彙整 山本あゆみ

促使冰涼美味誕生的冰

　　現今生活中，冰塊已經是人人隨時隨地可取得的東西。日本大約從150年前的明治時代起，百姓可以不論季節，隨時享用冰涼美味。冰塊不僅是刨冰的材料，食材的保冷和保存更欠缺不了冰塊。天然冰與機器製冰技術為飲食生活帶來莫大變化。

　　冰塊是夏季的貴重品，中國和印度早在西元前1000年左右就已經會利用冰窖收藏冰雪。據說古希臘時代的亞歷山大大帝（西元前356～323年）也曾經挖掘洞窟，專門收藏用於戰爭的冰雪。

　　日本自古有專門貯存冰塊的「冰窖」，《枕草子》（於西元1000年左右完成）第42段「高貴的事物」曾記載清少納言用刀具將刨細的碎冰放在遠渡重洋而來的金屬製器皿中，並且淋上樹汁煎煮製成的糖漿。自此之後，吃冰成了江戶時代如德川將軍家這種權貴

階級或部分山里（能取得冰雪之處）住民的特權，當時的冰塊仍舊是高貴的奢侈品。

　　經過漫長的歲月，終於在1853年以黑船來航事件為契機，日本被迫開國，西方文明不斷進入並落地生根，一般百姓因此得以在夏季品嚐冰涼美味。另外，透過1854年簽訂的神奈川條約、1858年簽訂的美日修好通商條約，有愈來愈多外國人居留在橫濱、神戶和東京，進而促使牛肉、牛奶等日本人不曾接觸過的食品流通至市面上。保存這些食品需要大量冰塊，然而當時日本的冰塊買賣並不普及。

　　在明治時代以後的冰塊歷史中，最不可或缺的重要人物是中川嘉兵衛。嘉兵衛聽聞橫濱開港，風塵僕僕地從京都趕到橫濱，並在當地經營屠宰場、販賣牛奶和牛肉。後來聽美國傳教士赫本醫生説「冰塊可用於

P.10～P.12　攝影：細島雅代

日光『三星冰室』採冰池的切割作業。每年1月進行採冰作業，從最靠近陸地的區塊開始作業，依序往池中央前進。使用鉤狀道具將冰塊鉤至陸地上，然後運送至約有130年屋齡的冰窖存放。

保存食物，對醫療也具有十足效果」，於是嘉兵衛決定想辦法供給一般百姓更多便宜的冰塊。

當時燒燙傷、中暑等治療都需要冰塊，但日本並沒有生產冰塊與運送技術，只能仰賴從美國波斯頓進口高價天然冰『波斯頓冰』（啤酒箱大小要3～5兩，換算成現在的錢幣是30～60萬日幣），每次進口需要耗時將近半年。於是嘉兵衛於1861年在富士山腳下的大約1650m²的土地上挖掘小池塘製冰，之後也前往諏訪湖、日本、釜石、青森等地嘗試製冰、採冰，但天不從人願全數失敗收場。最後遠征北海道，終於在函館、五稜郭堀採冰成功。1870年成功製造600公噸的冰塊，隔年於函館建造能貯存3500公噸冰塊的儲冰庫。物美價廉的五稜郭『函館冰』因媲美波斯頓冰塊的品質而聞名，逐漸取代波斯頓冰成為市場占有率的冠軍。天然冰或許就是史上第一個Made in Japan打贏國外品牌的商品。

於是嘉兵衛成功開啟天然冰事業。他在日本橋・箱崎町建設大型冷凍室，成功降低冰塊售價，並進而引爆庶民間的夏季冰飲熱潮。關東近郊也因為有採冰業者進駐而新增不少冰塊販售店鋪。

天然冰深受庶民喜愛，但隨著機械製造的人工製冰塊日漸普及，日本人投資的第一家製冰公司『東京製冰公司』於1883年問世了。中川嘉兵衛也不遑多讓，開始將觸手伸及人工製冰業，在他過世的那一年1897年，由他的長子以代表人身分成立了『機器製冰公司』，2年後正式開始販售人工製冰塊。

（左上）冰塊大小約寬50cm×長70cm×厚15cm，重量達45kg以上。（左下）三個製冰池一次可切割並採收7000塊左右的冰塊。堆疊起來幾乎高達冰窖的天花板，最後會撒上木屑。一般會使用杉木或檜木的木屑，這兩種木屑具有吸濕和殺菌功用。另外，為了防止冰塊融化，四周會鋪上保冷用的冰塊（不會食用）。這種作法能使冰塊一直妥善保存至夏季，前人的智慧讓我們感到驚訝並由衷感謝。（右）將冰塊搬運至冰窖，採橫放·直放交替方式向上堆疊。

延續自明治時代的天然冰貯存設施

　　昭和時代（1926～1989年）初期全國已經有100多間延續自明治時代的天然冰儲存設施，但目前只剩下栃木縣日光市的『三星冰室』、『松月冰室』、『四代目冰屋德次郎（吉新冰室）』，埼玉縣皆野町的『阿左美冷藏』、長野縣輕井澤町的『渡邊商會』5間，以及平成時期才新創業的山梨縣北杜市的『藏元八義』、山梨縣山中湖町的『藏元不二』，總共7間。由於受天候等因素的影響，每年的天然冰產量並不固定。而生產量之所以和一般機器製冰公司（有計畫性製冰）大不相同，最大變因在於環境。

　　製作天然冰時，必須先將孕育於深山或森林裡的優質泉水引進池子裡，靜靜等候泉水結凍成冰。這一類的冰塊雖然結凍所需時間較長，卻比較不容易融化。這章節的監修者石附浩太郎先生經營的『埜庵』所使用的冰塊就是日光市『三星冰室』的天然冰。『三星冰室』目前由第5代的吉原幹雄先生掌管。石附先生每年都會在採冰期前往日光，幫忙採冰、切割。

　　當夏天刨冰季結束後，『三星冰室』便開始進行新回合的製冰作業。首先，衛生局的水質檢驗單位和專門機構針對將注入池子裡的水進行放射性物質檢驗。畢竟食用天然冰是非加熱處理的食材，必須經過高標準的嚴格檢驗。檢驗合格後，在山中三個製冰池裡注水。三個製冰池共計1000坪左右。每天黎明前進行例行性檢查與表面清掃工作，靜靜守護池水凝結成冰塊。

　　攝氏－4～－5℃的晴朗天氣是最適合冰塊生長的氣候，冰塊每天只增厚1cm左右，需要靜待2週的時間才能達到最佳採集厚度15cm，然而生長過程中若受到下雨或下雪的影響而碎裂，整個製冰作業可能得重新來過。三個製冰池一次可切割並採收7000塊左右的冰塊。製冰職人分工合作將冰塊挖起後運至陸地、搬運至冰窖、撒上具殺菌效果的木屑並妥善保存至夏季。寒冬中的作業是重勞力工作，但對石附先生而言，這是確認當年冰塊狀態的寶貴機會。

　　製造天然冰好比栽種農作物，製冰、採集、藏冰、維持冰塊最佳狀態，這些作業遠比我們想像中困難。

　　石附先生表示從明治時代到現在，正因為有這些製冰職人的努力與經驗，我們才得以享受夏季的樂趣。

『埜庵』使用的冰塊是生產自『三星冰室』的天然冰。當天要使用的天然冰會事先置於保麗龍箱裡保存。冰塊溫度為−6℃。

二樓座位區有一台展示用刨冰機，是「CHUBU CORPORATION股份有限公司」生產的『初雪』刨冰機。1965年左右出產，充滿復古懷舊氣息。

吃冰塊＝喝冰水的日本飲食文化

有了量產的天然冰與人工製冰塊後，百姓得以在夏季盡情享受冰涼。食用剉冰或刨冰的這種行為，可以説是一種日本獨特的文化，打從明治時代起曾經引爆過數次流行風潮。

明治時代初期的冰塊也用於飲食，當時流行將冰塊放在水裡的「冰水」。一位名為町田房藏的人甚至在橫濱的馬車道旁開了一家冰水屋，號稱是刨冰、冰淇淋店的始祖。

另外，《橫浜開港側面史》中曾記載中川嘉平衛在同樣的馬車道旁開了一家冰店販售函館冰，儘管一杯要價不菲，在炎炎夏日裡吃冰的賣點依舊在開店當天吸引大批民眾排隊，一排就是2小時。

到了明治時代中期，除了天然冰，人工製冰塊也加入戰局，競爭變得更加激烈。東京地區的冰店如雨後春筍般到處林立，販賣刨冰的店鋪因此增加不少。隨著冰塊產量增加，經營刨冰店變得容易許多，而冰塊價格下降也讓一般百姓更能輕鬆享用。根據明治時代《明治商売往来》書中對「冰店」的介紹「店裡最常見的冰品是在高底腳的玻璃杯中先注入糖水，然後倒入滿滿的冰塊。杯裡還會插一支馬口鐵製成的湯匙。」這樣的形態其實很類似現在的刨冰。除此之外，還有不加糖水，改撒上白砂糖的「雪之花」、用布將冰塊包起來，再用小鐵鎚打碎的「冰霰」、添加果汁的「橘子冰」和「草莓冰」，以及「糯米丸冰」、「紅豆冰」、「抹茶冰」等種類豐富的冰品。甚至連賣烤蕃薯店家也會在夏季開起限季冰店。

隨著冰塊逐漸普及，人人都可以享受冰涼美味，製冰和低溫冷藏技術不僅豐富了百姓的飲食生活，用途也愈來愈廣泛，但甲午戰爭後的接連4場戰爭一舉改變了這種盛況。

多數位於港口附近的製冰工廠因空襲而遭到破壞，導致戰後的冰塊生產量銳減。為了解決糧食不足的問題，亦即為了確保魚類等糧食的保存與流通，製冰工廠成了戰後優先進行復興的對象之一。第二次世界大戰後國內積極振興製冰產業，再加上時值1970年代的高度經濟成長期，冰塊風潮再次捲土重來，但這時候的家庭普遍有冰箱這種電器用品。冰箱普及之前，絕大多數人必須到冰店才買得到冰塊，但有了冰箱後，冷凍庫裡能自行製造冰塊（雖然產量不多），再加上家用刨冰機、哈密瓜和草莓糖漿等陸續上市，每一個人都能輕鬆在家享用刨冰。於是刨冰便成了家家戶戶都能輕鬆取得的甜品。

目前店裡共有9名員工，長女石附千尋小姐是2019年加入的新人。第一次前往店裡幫忙是小學3年級的時候。「還記得小時候都沒有美好的暑假回憶，一直很羨慕其他同學。但大學4年來的打工經驗，讓我深深覺得埜庵的客人真的很棒」。

天然冰是大自然的力量和製冰人的努力共同結合下所產生的結晶。這是我從事刨冰工作的最初起點

刨冰店『埜庵』位於小田急電鐵江之島線的鵠沼海岸車站附近，開店至今17年，是一間全年供應刨冰的冰店，稱得上是刨冰業界的先驅者。

身為老闆的石附浩太郎先生原本是音響製造商的營業員，33歲時和長女千尋小姐在秩父的『阿左美冷藏』冰店品嚐了使用天然冰製作的刨冰，刨冰那宛如一道正規料理的完成度讓石附先生深受感動，從那之後，工作閒暇之餘，他總是頻頻前往『阿左美冷藏』拜訪，時間長達2年多。在這段期間，老闆阿左美哲男先生和石附先生聊了許多關於天然冰和地球暖化的問題，以及刨冰在商業上的發展。阿左美先生的人品和刨冰的未來性正是石附先生一頭栽進刨冰世界的契機。

目前石附先生的刨冰店所使用的天然冰是出產自日光的『三之星冰室』，每一年到了採冰期，他都會準時報到並協助採冰作業。在酷寒的嚴苛環境下親手進行採冰作業，若從阿左美冷藏那時候算起，至今將近20年了，因此他深刻知道這項工作的辛苦與勞累。

「我常將『確實收下天然冰了』這句話掛在嘴上。採冰作業真的非常辛苦，天然冰形成的過程中，我們只能略盡棉薄之力。『三之星冰室』全心投入天然冰的製造與採集，沒有兼營刨冰店，我們若沒有用心對待這些交到我們手中的冰塊，會造成三之星及其夥伴們的評價下跌。另一方面，因為使用天然冰，刨冰才會這麼好吃的這種想法也著實令我們感到困擾。必須是『埜庵的刨冰實在太好吃了。聽說是用天然冰做的』才行。」

天然冰是長時間慢慢凝固而成，水分子也是慢慢成長。天然冰的結晶顆粒比冷凍庫裡急速凝固的冰塊結晶顆粒大，結晶與結晶的連結點相對較少，也就是比

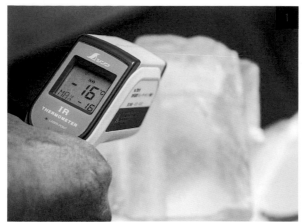

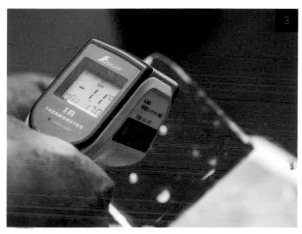

1 從冷凍庫中搬出隔天要使用的天然冰，然後裝入保麗龍箱中讓硬度慢慢降低。－16℃的冰塊太硬了。**2** 將保麗龍箱置於常溫下，目標是讓天然冰的溫度上昇至－2℃。**3** 刨冰上桌時，大約只有數厘米薄，溫度則約為－1.1℃。隨時使用新和測定股份有限公司出產的輻射溫度計測量冰塊溫度。此款溫度計具有鐳射功能，不需要直接接觸冰塊就能測量溫度。

較不容易融化的意思。即使天然冰升溫至0℃左右，依然會有部分固狀物殘留。據說冷凍庫裡製作的冰塊容易隨溫度上升而融化，全是因為結晶顆粒比較小的緣故。

說到刨冰的食材，其實天然冰不如想像中好處理。『埜庵』的目標是「滑順口感的刨冰」，放在口中能迅速融化的冰。要達到這個需求，冰塊的狀態非常重要，刨細之前必須提升溫度以降低冰塊的硬度。冰塊的溫度通常會維持在－2℃，事先於前一晚將隔天需要的冰塊移至保麗龍箱中，置於常溫下使冰塊硬度稍微降低一些。冬季則必須再提前作業，讓冰塊置於常溫下的時間長一些。

「實際上，最能分辨天然冰刨冰是否美味的季節是冬季，而不是夏季。常聽人說『就算冬季吃埜庵的刨冰，也不會有冷到頭痛的感覺。』這是因為天然冰的溫度已經降低至快要融化成水的臨界點。大家往往只注意溫度，其實－2℃並非最適合的溫度，冰塊的整體硬度才是重點所在。」

石附先生曾說這個作業最重要卻也最困難。

「除了需要有提升冰塊溫度的技術，還必須準確預測隔天的來客人數，否則剩下的天然冰只有融化一途。如果無法清楚掌握明天、這星期、這個月、今年造訪冰店的人數，使用天然冰製作刨冰將會是一件極具困難度的事。」

天然冰並非打通電話便能立即入手的食材。『埜庵』仰賴冷凍車至日光搬運天然冰，每年15次共30噸，並且在店鋪附近租下冷凍倉庫保存這些天然冰。以2噸天然冰可供5000人次食用來計算的話，一年大概可以製作8萬人次的刨冰。

「想要全年供應天然冰，店家必須有所覺悟。每年得花費數百萬（日幣）的成本在運送和保管這些冰塊上。如果這些冰塊融化成水，不單只是『造成損失』，更會讓這些工作伙伴的辛勞全部化為泡影。」

石附先生的想法與態度向來嚴謹，或許因為這樣的觀念體現在天然冰上，『埜庵』的刨冰才會如此美味。

右手調整旋鈕，左手轉動器皿以均勻盛裝落下的冰片。兼職人員中最資深的是一位有7年打工經驗的年輕人，從大學1年級到研究所畢業，是店裡主要負責操作刨冰機的人。因為有如此標準的範本，其他工作人員才能在最短時間內熟練刨冰技術。

（左）店裡使用CHUBU CORPORATION股份有限公司生產的『初雪』和池永鐵工股份有限公司生產的『SWAN』共3台刨冰機，若在百貨公司等賣場舉辦活動，有時還會派出5台或6台刨冰機全速運轉。圖片為『初雪 BASYS 電動冰塊切片機 HB-310B』。（上）為了保持刀片的銳利度，必須定期進行保養。依季節使用2種不同角度的刀片。往往單一個夏季，一台刨冰機必須消耗將近20片的刀片。

切削冰塊前，必須熟悉刨冰機和刀片的保養方法，以及瞭解冰塊的特性

　　『埜庵』切削美味刨冰的訣竅，除了「刀片角度」和「切削方法」外，還有刀片接觸冰塊時的「強度」。依當下使用的天然冰狀態，隨時轉動旋鈕以調整刀片的強度，因此負責切削冰塊的人，他的直覺和經驗非常重要。另一方面，製作美味刨冰絕對少不了機器的事前準備，以及使用後的清潔與保養工作。

　　『埜庵』的刨冰含在嘴裡，會如同彈跳般迅速融化。常聽人這樣形容好吃的刨冰「又薄又鬆軟」，這不僅跟切削冰塊的方式有關，也跟確實瞭解冰塊特性有關。

　　「將冰塊切削得很薄，吃起來確實會有鬆軟感，但我們店裡的刨冰如果只在意切削方式，器皿最底部的

冰片可能會因為堆疊而變硬。畢竟天然冰具有非常強韌的生命力，冰片堆積在一起時會再次凝結成固體。我們店裡有一種名為『櫻花冰』的冰品，冰片上澆淋帶有鹽分的糖漿後，產生吸熱的融化熱反應，這會讓冰片變得更冷。這就是刻意提升冰塊溫度以利切削作業，卻反而能使刨冰變得更冷的原理。我們店裡負責切削冰塊的員工，不僅擁有傑出技術，也確實理解這些科學道理。重點不在鬆軟或硬梆梆，而是要確實滿足客人的需求。因此我再三叮嚀店裡的團隊務必盡全力做到學會切削技術、澆淋糖漿的方法，以及完美呈現顏色與形狀這三點。

使用『埜庵』的冰所製作的日式刨冰

花生刨冰
附巧克力醬

店裡使用的花生醬是千葉縣旭市花生製造・販售股份有限公司的產品。我和負責人加瀬先生是生意上的伙伴，平時我也會親自前往花生田和工廠，針對花生顆粒與醬泥的比例再三溝通與討論。這道冰品讓大家既能享受花生的香醇，又能透過淋上巧克力醬以品嚐另外一種濃郁香滑的甘甜味。含稅價1170日圓。

參考文獻

仲田定之助
《明治商売往来》
青蛙房　1969年

横浜貿易新報社編
《横浜開港側面史》
歴史図書社　1979年

香取国臣編
《中川嘉兵衛伝—その資料と研究—》
関東出版社　1982年

成島嘉一郎
《天然氷》
自費出版　1973年
收錄於《中川嘉兵衛—その資料と研究—》

田口哲也
《氷の文化史》
冷凍食品新聞社　1994年

村瀬敬子
《冷たいおいしさの誕生 日本冷蔵庫100年》
論創社　2005年

紀田順一郎
《横浜 開港時代の人々》
神奈川新聞社　2009年

石附浩太郎
《かき氷屋 埜庵の12カ月》
主婦の友社　2012年

CHAPTER

2

日式刨冰的「糖漿」

打造口味的思維與求新求變的創意

ABOUT SYRUP

| 監修 | IGCC代表（Italian Gelato & Caffè Consulting）
根岸 清
KIYOSHI NEGISHI

彙整 亀高 斉

打造口味的思維

從理論觀點來探討刨冰的口味創新

炎炎夏季裡，冰到腦袋微微刺痛的刨冰吃起來格外痛快又美味。那種沁人心脾的冰涼感正是刨冰的最大魅力。近年來，冬季瘋刨冰的人增加不少，冰塊和糖漿的品質也不斷提升，種種轉變促使刨冰以高級冰品之姿散發無窮魅力。

在這個章節中，我想針對刨冰的糖漿（包含我的提案在內）進行考察。希望基於我致力於義式冰淇淋等各種冰品與凍飲商品開發的經驗，將創新刨冰口味時的重要事項，以及求新求變的創意傳遞給更多人。

刨冰與其他冰品的不同之處

無論甜點或一般料理都一樣，思考創新口味的過程中不能忽略理論。現在，讓我們從「刨冰與其他冰品的比較」開始，認真思考刨冰的美味有什麼特徵，打造創新刨冰口味時又該將重點擺在哪裡。

■雪酪

雪酪以水果為主要食材，約占30～50%，使用特殊雪酪機製作而成。美味的雪酪首重滑順、入口即化的口感，以及新鮮水果帶來的獨特甘美。

製作完美雪酪時，「水分與固形物間的平衡」非常重要，這邊的固形物主要是指糖。

糖的比例不僅為了甜度，更重要的是糖會改變冰點溫度和冰結晶顆粒的大小，若要製作滑順且入口即化的雪酪，必須將糖分控制在最適當的範圍內。換句話說，糖比例會大幅影響成品的質感。以雪酪為例，最恰當的用糖量為整體食材的25%～32%。

美味的刨冰
最初是感覺到糖漿的甘甜
▼
冰片融化後甜度降低，餘味猶存在口中
▼
後勁暢快的清涼感是刨冰的獨特魅力

■凍飲

通常也稱為「Granita（義式冰沙）」或「Slush

（冰沙）」，將冰塊、風味糖漿、水果等一起放入果汁機中打成細碎的雪花狀，以吸管飲用的凍飲。綿密的感覺有點類似刨冰。

糖分約占13％～18％，甜度比雪酪低一些。使用冰沙機等製作凍飲時，糖量也會影響成品的質感，所以糖真的非常重要。除非使用果汁機製作少量冰沙，否則務必注意冷凍和非冷凍食材間的比例。

■刨冰

最普通的刨冰是使用水結凍而成的冰塊切削成冰片，然後淋上糖漿。這一點和一開始將所有食材混合一起後結凍成冰的雪酪大不相同。

因此刨冰具有與眾不同的滋味。吃刨冰時，口中最先嚐到的滋味是糖漿的甘甜。甜味隨著冰塊融化而變淡，最後留下後勁十足的甜美韻味。最初的甘甜，再加上冰塊融化後的清涼感，這是刨冰最吸引人的魅力所在。

試著將「甘甜」數值化

創新刨冰口味時，最重要的一點是基於刨冰的美味來設定「甘甜」度。至於如何掌握刨冰的甘甜，最有效的方法是將「糖量」數值化。

刨冰製作方法不同於雪酪，糖的比例不會影響成品的質感，但甘甜是決定刨冰美味與否的重要因素，將糖量數值化具有重大意義。另一方面，糖量數值化代表不再單憑直覺，有助於制訂出更精準的食譜。

甜度感受會依確實攪拌或稍微攪拌冰片與糖漿而有所不同，冰片逐漸融化也會改變刨冰的味道。另一方面，冰片切削方式更會影響我們對糖漿甜度的感受性。基於這些考量，若能有眼見為憑的糖量數值可供參考，我們便能清楚知道該如何調整刨冰甜度。

糖用量的比例基準

接下來為大家介紹將糖量數值化的具體方法。

刨冰的糖分主要來自糖漿中的糖類。其他像是自製的水果糖漿，則另外包含水果本身的糖分。將這些糖量全部加總起來，算出1人份大概需要多少公克，這就叫做糖量數值化。

這個數值會依甜度需求而改變，一般最適合刨冰的糖分比例為糖量約占冰（水）與糖漿總重量的13％～

製作糖漿所需糖量的算式範例

例：相對於100g的冰片，需要70％的糖漿。
刨冰整體的糖量設定為18％的情況下

冰片100g×糖漿比例70％＝糖漿量70g
冰片100g＋糖漿量70g＝成品總重量170g
成品總重量170g×糖量18％的設定＝
刨冰整體需要30.6g的糖量

糖漿需要的糖量為，
刨冰整體需要30.6g的糖量÷糖漿量
70g＝43％

糖漿需要的糖量為43％
（即100g的糖漿需要43g的糖）

20％。在之後書中介紹的刨冰食譜中，我所使用的糖量大約是18％（1人份約90g／冰與糖漿總重量為510g）。

糖漿的使用量基準

糖漿使用量會因常溫或冷藏狀態而改變。常溫糖漿會加速冰片融化，用量要相對較少。

若是冷藏狀態的糖漿，以冰片為100來算，大約使用50％～70％的糖漿。在之後介紹的刨冰食譜中，每300g的冰片使用210g的糖漿（含未使用果汁機攪拌的固形水果）。亦即將糖漿使用量設定在70％。

設定好糖分比例和糖漿使用量後，依公式算出糖漿所需的糖量。上方介紹的是計算範例。大家若想要自製糖漿，可以參照上方糖漿所需的糖量算式，並參考P.23自製水果糖漿時的水果種類與砂糖量比例的範例。

關於刨冰的重要素材「砂糖」

「甘甜」在刨冰的美味中占有一席重要地位，而這個甘甜取決於砂糖。製作刨冰口味時，「砂糖」是非常重要的素材。雖然通稱為砂糖，但砂糖其實有很多種類，正式進入刨冰前，希望大家先具備一些砂糖的基本知識。

現今這個時代裡，我們能輕鬆取得各式各樣的糖，而說到各種糖的差異，簡單說就是甜度的強弱、甜味的持續度。讓我們以此為依據，比較一下不同種類的糖。

我們平常使用的細砂糖和白砂糖是由甘蔗、甜菜製成。另外，將碳水化合物（澱粉）加酸水解也能形成砂糖。透過各種不同組合，形成葡萄糖、果糖、水飴、海藻糖等各式各樣的糖。

植物成長需要根吸收水分和養分，然後由葉將太陽光和二氧化碳轉化成糖，這個過程稱為「光合作用」。將糖作為養分大量儲存在莖的植物是甘蔗，大量儲存在根的則是甜菜。楓樹類則是將糖分儲存在樹幹。像這樣行光合作用下的產物稱為「蔗糖」。

將這些植物壓碎，收集糖汁後使其乾燥，所得的成品是富含礦物質的黑糖。再進一步除去礦物質等雜質就成了細砂糖。全世界普遍使用細砂糖，是糖類甜度強弱和甜味持續度的衡量標準。其他還有楓樹木質部採集而來的楓糖糖漿、竹糖（日本國產甘蔗品種）製成的和三盆糖。和三盆糖以高品質聞名。

雖然糖的種類繁多，但和刨冰最合拍的還是細砂糖。純度高、甜味品質佳的細砂糖非常適合用來製作刨冰的糖漿。另一方面，細砂糖混合黑糖可以改變風味，或者為了追求高層次口味而使用價格貴一些的和三盆糖，這些創意都很值得下點功夫好好鑽研。

自製水果糖漿的魅力與注意事項

過去刨冰所使用的具透明感的彩色糖漿，大多不含果汁成分。說穿了，只是利用水、砂糖、檸檬酸、香料、食用色素等做成糖漿。但現在使用果汁製作的糖漿在市場上也廣為販售，因此刨冰品質跟著節節升高。其中最能襯托出刨冰美味的是自製的手工水果糖漿。

自製水果糖漿最大的魅力在於水果本身自帶的好滋味。天然美味吸引眾人趨之若鶩。

製成糖漿時勢必得使用果汁機將水果攪拌成液體狀，如果能再搭配新鮮的切片水果當作裝飾，光看外觀就讓人覺得這碗刨冰物超所值。使用當季水果能傳遞時序交替的季節感，而使用當地盛名的水果則能成為「當地生產當地消費」的一大魅力。自製水果糖漿其實隱藏了大幅提升刨冰商品價值的可能性。

仔細思考研究保存期限的問題

然而，自製水果糖漿時，需要特別留意以下幾點。

首先，素材是水果，通常保存期限都不長。雖然製成糖漿時會因為加了糖而比較不容易腐壞，但如果不能盡可能在當天或最遲在隔天使用完，可能會讓客人吃到正逐漸腐壞中的糖漿，這一點要特別注意。假設真的用不完，可以考慮冷凍保存，但只要冷凍了，水

將剛採收的水果直接製成糖漿是最具新鮮度的，其中不乏適合先以小火燉煮的水果。例如，藍莓搭配檸檬汁，稍微加熱後會呈現非常鮮豔的顏色。

水果糖漿中加一些檸檬汁。有了檸檬汁酸味的加持，吃的時候會更容易有「吃到水果」的感覺。

果新鮮度勢必受到影響。

　　講究剛做好的新鮮感而頻繁製作糖漿？還是講求效率而採用冷凍保存？基於自家店裡的刨冰能力，最多能負擔幾種自製水果糖漿？大家應該先好好思考並研究這些問題，有了答案後再將心力投注在自製手工水果糖漿上。

水果的「熟度」也是重要關鍵

　　另一方面，水果「熟度」也會改變糖漿味道。為求美味，培養判定水果熟度的眼力非常重要。另外，水果除了直接「生」用外，也可以「冷凍」或磨成「泥」使用。近年來冷凍或磨成泥的水果品質有所提升，建議大家多學習一些活用方式以備不時之需，保證絕對不會吃虧。

　　接下來為大家介紹自製水果糖漿時如何計算水果和砂糖用量，我們將以P.21中的糖漿所需糖量算式為依據。將數字套入公式中，便能算出製作糖漿時需要使用多少水果和砂糖。

　　另外，如右表所示，水果糖度（糖分）因水果種類而異。自製水果糖漿時，最好要有這些基本知識。以算式來計算適當的水果糖度頗為麻煩，因此除了糖度特高的香蕉外，其他水果糖度都以10%來計算。

直接以新鮮水果製作糖漿時，若未能徹底處理水果中過硬的纖維，容易讓人誤會「刨冰裡有異物」，這一點務必特別留意。攪拌纖維較硬的鳳梨等水果時，記得將果汁機調整至高速運轉，這樣才能徹底打碎纖維。另外像是奇異果，由於果芯較硬，建議先去除果芯後再放入果汁機中攪拌。

水果糖度（糖分）表

※以下數值為參考值，未必符合所有水果。

草莓	8～9%
檸檬	8～9%
西瓜	9～12%
葡萄柚	10～11%
晚崙夏橙	10～12%
藍莓	11～13%
溫州蜜柑	11～14%
鳳梨	13%
哈密瓜	11～14%
奇異果	13～16%
蘋果	14%
芒果	17%
香蕉	22%

自製水果糖漿時水果和細砂糖用量的算式範例

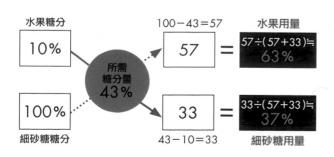

糖漬水果糖漿的用量算式範例

※ 糖漬水果經小火熬煮後，因水分蒸發會使糖度提高5%左右（不加水的情況），計算時記得將所需糖量減少5%。

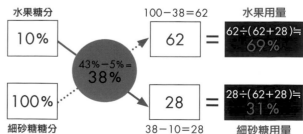

2 求新求變的創意

優格糖漿×水果的新提案

隨著刨冰精緻化的風潮，刨冰種類愈來愈豐富。刨冰要求新求變，需要各種構思與創意，這次的提案是使用「優格糖漿」的刨冰。

為什麼選用優格？最主要的理由是優格和水果非常速配。優格糖漿搭配水果糖漿一起使用，不僅能突顯水果的美味，優格的酸味還能提高刨冰的清涼口感。更進一步說，優格是眾所皆知的健康食品，「對身體有益」的形象有助於提升刨冰的商品價值。

水果糖漿適合搭配店內所有品項，能一舉增加冰品的豐富性，還可以進一步開發適合優格風味的新產品。提案中的水果糖漿都經過精挑細選，和優格糖漿堪稱絕配。果汁機攪拌後的糖漿再配上切片水果，視覺和味覺皆能享受水果的好滋味。另一方面，糖漿食譜以P.21和P.23介紹的算式數值為依據來決定水果和細砂糖用量。

最後淋上「酸奶油醬」。活用酸奶油的酸味，再搭配鮮奶油，搖身一變成溫潤爽口的淋醬。優格糖漿、酸奶油醬都是充滿創意的新提案，希望大家多花些心思研究使用的材料和分量，打造自己喜歡又滿意的好滋味。

用於製作優格糖漿的優格，大家可以從市售商品中挑選一款自己喜歡的。將優格的健康效益當作賣點。

書中提到的「優格糖漿×水果糖漿創意刨冰」是依照以下的順序製作的：器皿裡盛裝切削好的冰片→淋上一半分量的優格糖漿與水果糖漿（1‧2）→再盛裝一些冰片，淋上剩餘的優格糖漿與水果糖漿，擺放切片水果（3‧4‧5）→最後淋上酸奶油醬（6）。

優格莓果綜合刨冰

清爽的優格和新鮮水果十分合拍，尤其草莓等莓果類更是首選。

草莓適合直接使用，

但藍莓等水果煮過後顏色會更加鮮豔，因此加熱後當作糖漿。

材料

冰…300g	
※優格糖漿…150g（糖分約43%）	糖分約18%
※綜合莓果糖漿…60g（糖分約43%）	
※酸奶油醬…20g	
※食譜請參照P.26	

製作方法

❶將切削好的半份冰片（150g）盛裝於器皿中。

❷淋上一半分量的優格糖漿（75g）。

❸淋上一半分量的綜合莓果糖漿（30g）。

❹將另外半份冰片（150g）也倒入器皿中。

❺淋上剩餘的優格糖漿（75g）。

❻淋上剩餘的綜合莓果糖漿（30g）。

❼淋上酸奶油醬。

※優格糖漿

材料

市售優格…112g
※這次使用的是「明治優格R-1 飲用型
優格」（含糖量13.3g）

細砂糖…62g

合計　174g（糖分43%）

製作方法

將所有材料放入果汁
機中攪拌均勻。

優格糖漿參考食譜

材料

霜凍優格（糖分75%）…100g

脫脂牛奶…100g

原味優格（脫脂）…45g

細砂糖…55g

合計　300g（糖分43%）

製作方法

將所有材料放入果汁機中攪拌均勻。

這裡使用的是粉末狀「霜
凍優格」，使用量愈多，
優格風味愈濃郁。方便於
想特製個人偏好的風味時
使用。

※綜合莓果糖漿

材料

草莓…100g

覆盆子…80g

藍莓…80g

柳橙汁…45g

檸檬汁…10g

細砂糖…185g

合計　500g（糖分約43%）

製作方法

❶ 各取一半的覆盆子和藍莓，連同
柳橙汁、檸檬汁、細砂糖一起用
果汁機攪拌至泥狀（a·b）。倒
入鍋裡加熱，沸騰後轉小火繼續
熬煮2～3分鐘，放涼備用。

❷ 將草莓切成4～8等分，連同剩下
的覆盆子和藍莓倒入放涼後的泥
狀❶中攪拌均勻（c·d）。

※酸奶油醬

材料

酸奶油…100g

鮮奶油…100g

細砂糖…20g

合計　220g

製作方法

先充分拌勻酸奶油和細砂糖，然後加
入鮮奶油後打至6分發泡（e·f）。

優格三果黃綠配

「三果」（奇異果、香蕉、鳳梨）在義大利是非常受歡迎的水果組合，
現在我們要將三果製作成刨冰用糖漿。
一起來欣賞綠色奇異果、黃色香蕉和鳳梨帶來賞心悅目的表演。

●材料

冰…300g	
優格糖漿…150g（糖分約43%）	糖分約18%
※三果糖漿…60g（糖分約43%）	
酸奶油醬…20g	

●製作方法

如同P.25的「優格莓果綜合刨冰」的做法，交替將2種糖漿淋在切削好的冰片上，最後再淋上酸奶油醬。

※三果糖漿

●材料

奇異果…100g	
鳳梨…100g	
香蕉…90g	
柳橙汁…35g	
檸檬汁…10g	
細砂糖…165g	
合計　500g（糖分約43%）	

※香蕉等糖度高，建議減少細砂糖的用量。

●製作方法

❶ 取一半分量（50g）的鳳梨放入果汁機中攪拌。用高速運轉打碎鳳梨纖維。

❷ 將一半分量的奇異果（50g）、柳橙汁、檸檬汁、細砂糖加入❶中，繼續用果汁機攪拌（a·b）。這次用非連續運轉方式攪拌，小心不要打碎奇異果籽。拌勻後移至攪拌盆中。

❸ 香蕉切成圓形片狀，將剩餘的鳳梨和奇異果切成適當大小，輕輕地和❷混拌在一起（c·d）。

使用「優格糖漿」的刨冰食譜範例

柳橙 & 葡萄柚優格刨冰

柳橙和葡萄柚的清爽酸味與些許苦味非常適合搭配優格糖漿。

材料

冰…300g	糖分約18%
優格糖漿…150g（糖分約43%）	
※柳橙 & 葡萄柚糖漿…60g（糖分約43%）	
酸奶油醬…20g	

製作方法

如同P.25的「優格莓果綜合刨冰」的做法，交替將2種糖漿淋在切削好的冰片上，最後再淋上酸奶油醬。

※柳橙 & 葡萄柚糖漿

材料

| 柳橙果肉…120g |
| 柳橙汁…55g |
| 葡萄柚紅果肉…130g |
| 檸檬汁…10g |
| 細砂糖…185g |
| 合計　500g（糖分約43%） |

製作方法

❶ 將柳橙汁、檸檬汁和細砂糖充分攪拌均勻。
❷ 將切成適當大小的柳橙果肉和葡萄柚紅果肉加在❶裡拌勻。

金桔優格刨冰

產於宮崎和鹿兒島的金桔是能連皮一起吃的柑橘類。
花點時間熬煮成金桔糖漿，打造一碗充滿日式水果魅力的刨冰。

材料

冰…300g	糖分約18%
優格糖漿…150g（糖分約43%）	
※金桔糖漿…60g（糖分約43%）	
酸奶油醬…20g	

製作方法

如同P.25的「優格莓果綜合刨冰」的做法，交替將2種糖漿淋在切削好的冰片上，最後再淋上酸奶油醬。

※金桔糖漿

材料

| 金桔…310g |
| 檸檬汁…30g |
| 細砂糖…160g |
| 水…200g（熬煮至蒸發） |
| 成品500g（糖分約43%） |

※金桔糖度高（約17%），建議減少細砂糖的用量。

製作方法

❶ 金桔連皮使用。洗淨對半切除去裡面的籽備用（a）。
❷ 將❶的金桔和水放入鍋裡，加熱煮到軟（b）。熬煮期間多撈幾次浮沫。
❸ 將細砂糖倒入煮軟的❷裡面（c），加入檸檬汁後，同樣多撈幾次浮沫（d），繼續熬煮至出現光澤。

PROFILE
根岸 清
KIYOSHI NEGISHI

完整習得最道地Gelato與Espresso的首席專家，也是首位在日本推廣正統Gelato與Espresso的先驅，目前在眾多講座中負責指導工作。1952年出生於東京，駒澤大學畢業後進入現名為FMI的公司就職。曾擔任日本咖啡協會（JBA）理事·認定委員、日本精品咖啡協會（SCAL）咖啡師委員，並長年以日本Gelato協會（AGG）委員身分擔任Gelato指導師。於2015年6月獨立成立IGCC公司（Italian Gelato & Caffé Consulting）。

CHAPTER

3

人氣夯店的日式刨冰食譜

RECIPES

adito

Café Lumière

komae cafe

BW cafe

Dolchemente

吾妻茶寮

あんどりゅ。

kotikaze

六花

※各店詳細店鋪資料請參照P.96

甘酒牛奶刨冰

售價
900 日圓

甘酒是自古以來的健康食材，也是男女老少熟悉的味道，非常適合作為店裡的招牌冰品。
適度黏稠的甘酒，加上以零陵香豆提味的煉乳，形成極具反差效果的口感。
避免使用過大的食材和過於濃郁的糖漿，如此一來，刨冰也能成為最佳飯後甜點。

● 零陵香豆提味煉乳糖漿的製作方法

將牛奶、煉乳、鹽巴倒入鍋裡。鹽巴使味道更加紮實，還能避免黏黏的舌觸感。而煉乳本身帶有甜味，不需要另外加糖。

加入1顆零陵香豆。零陵香豆類似杏子和杏仁具有提味和增加香氣的效果。

以中火加熱，熬煮過程中隨時攪拌，小心不要燒焦。變黏稠後關火，並於放涼後取出零陵香豆。

● 蜂蜜生薑糖漿

生薑帶皮洗淨後切片，和蜂蜜一起放入鍋裡，加熱煮至生薑片變透明，然後用乾淨的紗布過濾。

● 藥膳生薑果醬的製作方法

生薑帶皮洗淨後用食物調理機絞粗碎，和其他材料一起放入鍋中加熱煮至水分蒸發。

● 材料

● 零陵香豆提味煉乳糖漿
（容易製作的分量）

煉乳…1000ml	
牛奶…1000ml	
鹽…少許	
零陵香豆…1顆	

● 蜂蜜生薑糖漿
（容易製作的分量）

生薑…600g	
蜂蜜（相思樹蜜）…適量	

● 藥膳生薑果醬（容易製作的分量）

牛薑…600g	
細砂糖…適量	
紅糖…適量	
蜂蜜…適量	
辛香料（肉桂、白荳蔻、肉豆蔻、辣椒粉等）…適量	
枸杞…適量	

冰…適量	
濃縮甘酒…適量	
米香…適量	

● 盛裝

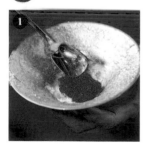

在碗底鋪一層藥膳生薑果醬。

盛裝切削好的冰片。以粉雪降落為概念，刨出軟綿綿的冰。

依序在冰片上澆淋零陵香豆提味煉乳糖漿和蜂蜜生薑糖漿。

再次盛裝滿滿的冰片，淋上煉乳糖漿後再盛裝冰片。

再次依序淋上煉乳糖漿和蜂蜜生薑糖漿。

最後淋上濃縮甘酒，撒上米香。上桌時另外附上一些濃縮甘酒和煉乳糖漿。

刨冰機

池永鐵工出產的『SWIN cygne』。想擁有造型時尚且又能切削出鬆軟冰片的刨冰機，這台是不錯的選擇。

安納地瓜刨冰

充滿奶油香氣，口感溫潤的安納地瓜刨冰是秋冬限定冰品。
使用香濃滑順且甜度高的安納地瓜製作成糖漿，充分活用地瓜的香氣。
以製作拔絲地瓜的概念，搭配日式醬油糰子（御手洗糰子）淋醬風的焦糖糖漿與黑芝麻。

安納地瓜泥糖漿的製作方法

水煮安納地瓜，變軟後去皮，和牛奶一起倒入食物調理機攪拌成泥。

依序將煉乳、黍砂糖和鹽倒入食物調理機，充分攪拌均勻。攪拌至滑順泥狀且沒有結塊。

將拌好的材料移至鍋裡，邊攪拌邊加熱熬煮至黏稠泥狀。待冷卻後水分蒸發，自然會變成柔軟的泥狀糖漿。製作時依安納地瓜的水分來調整水和牛奶的用量。

盛裝

器皿裡盛裝和器皿同高的冰片，淋上零陵香豆提味煉乳糖漿。

在冰片中間澆淋安納地瓜泥糖漿。

將切成小方塊的鹽羊羹撒在冰片上，有助於提味與增加口感。

再次鋪上冰片，淋上煉乳糖漿。繼續重複2次這道程序。

在冰片上澆淋黏稠的安納地瓜泥糖漿。

最後整體淋上焦糖糖漿，並於最頂端撒些芝麻鹽。上桌時另外附上一些安納地瓜泥糖漿和零陵香豆提味煉乳糖漿。

材料

●安納地瓜泥糖漿
（容易製作的分量）

安納地瓜…300g	
牛奶…200g〜	
煉乳…60g	
黍砂糖…45g	
鹽…適量	
水…100g〜	

●焦糖糖漿
（容易製作的分量）

細砂糖…270g	
水…3大匙	
無鹽奶油…150g	
35%鮮奶油…300ml	
醬油…1大匙	
香草精…適量	

冰…適量	
零陵香豆提味煉乳糖漿（製作方式請參照P.31）…適量	
鹽羊羹…適量	
芝麻鹽…適量	

●焦糖糖漿的製作方法

將細砂糖和水倒入鍋裡，加熱熬煮至金黃色，再加入奶油和鮮奶油煮至黏稠。關火後加入醬油和香草精拌勻。

茨城之吻草莓刨冰

售價
1100 日圓

使用茨城縣的草莓品種「茨城之吻」，這是一道追求新鮮草莓美味的刨冰。
以活用草莓未經加熱、高糖度、色澤鮮豔的特性製作而成的「新鮮草莓泥糖漿」為主，
搭配果醬糖漿和新鮮水果。冬季限定商品。

新鮮草莓泥糖漿的製作方法

❶

❷

❸

攪拌盆中放入草莓和細砂糖，靜置一段時間讓草莓出水。照片為靜置2天的狀態。為了活用草莓本身的甜味，這裡使用較為清甜的細砂糖。

將1（連同出水）倒入果汁機中。如照片所示，攪拌至沒有塊狀物。

倒回攪拌盆中，加入玉米糖漿攪拌至微糊狀。不經加熱方式更能保留草莓原有的風味與色澤。

盛裝

❶

❷

❸

器皿裡盛裝如小山一樣高的冰片，整體淋上零陵香豆提味煉乳糖漿，並撒一些切小丁的新鮮草莓。

在切小丁的新鮮草莓上澆淋煉乳鮮奶油。將草莓夾在冰片間能增加不同口感，吃起來比較不會膩。

繼續盛裝冰片，同樣淋上煉乳糖漿。

❹

❺

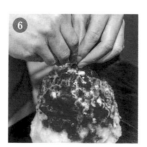
❻

再繼續堆疊冰片，從頂端澆淋大量的新鮮草莓泥糖漿。

接著淋上草莓果醬糖漿。果醬糖漿可以增加甜味。

最後再淋一次煉乳糖漿，撒上敲碎的蛋白霜糖。上桌時另外附小一碟零陵香豆提味煉乳糖漿。
※可以加點另外隨附的「葡萄醋」。

材料

● 新鮮草莓泥糖漿（容易製作的分量）

草莓（茨城之吻品種）…500g

細砂糖…100g～

玉米糖漿（黏稠劑）…適量

● 草莓果醬糖漿（容易製作的分量）

草莓（茨城之吻品種）…500g

細砂糖…100g～

白葡萄酒醋…適量

● 煉乳鮮奶油（容易製作的分量）

35%鮮奶油…50g

煉乳…40g

● 蛋白霜糖（容易製作的分量）

蛋白…2顆蛋的分量

鹽…1小撮

細砂糖…120g

檸檬汁…1/2小匙

玉米澱粉…1小匙

杏仁粉…12g

杏仁香精…5小滴

冰…適量

零陵香豆提味煉乳糖漿
（製作方式請參照P.31）…適量

草莓（茨城之吻品種）…適量

● 草莓果醬糖漿的製作方法

將草莓和細砂糖放入鍋裡靜置出水，加入白葡萄酒醋一起加熱熬煮。

● 煉乳鮮奶油的製作方法

將鮮奶油打至6分發泡，加入煉乳拌勻後再打至8分發泡。

● 蛋白霜糖的製作方法

將蛋白和鹽倒入攪拌盆裡打散，分次加入檸檬汁和細砂糖打發至硬式蛋白霜。加入玉米澱粉和杏仁粉拌勻，最後滴幾滴杏仁香精。鋪平於烤盤上，放入100℃烤箱中烤數小時。

成年人限定檸檬刨冰

舊價
1000 日圓

來自雞尾酒「薄荷朱利普」的啟發，以紫蘇取代薄荷，瞬間由西式風味轉為日式。
這是一道活用成年人風味的食材，清爽又帶有酸甜味的刨冰。
針對怕酸的人，特地下功夫在刨冰裡隱藏煉乳與鮮奶油的甜味。夏季夜晚的限定商品。

檸檬醬的製作方法

將細砂糖、新鮮檸檬汁和檸檬濃縮汁倒入鍋裡。

接著放入紅糖和煉乳。利用紅糖來提煉濃郁的甘甜味。

中火加熱並攪拌至砂糖溶解。關火後放涼，加入切小丁的檸檬皮拌勻。

盛裝

器皿裡盛裝冰片，整體淋上零陵香豆提味煉乳，並在中央處淋上檸檬奶油。

繼續堆疊冰片，整體淋上煉乳糖漿。

接著淋上紫蘇糖漿。豔麗的紫色，酸甜的好滋味，色香味一應俱全。

繼續堆疊冰片至一座小山高，整體淋上檸檬糖漿。摻有蘭姆酒的糖漿充滿成人味。

從頂端淋上檸檬醬。檸檬醬中有檸檬濃縮汁，充滿檸檬香氣的同時還隱約帶有煉乳的乳香氣息。

最後撒上珍珠糖和紫蘇花穗當作裝飾。上桌時另外附上檸檬紅紫蘇糖漿和零陵香豆提味煉乳糖漿。

材料

●檸檬醬（容易製作的分量）

檸檬汁	100g
檸檬濃縮汁	50g
細砂糖	300g
紅糖	20g
煉乳	50g
檸檬皮	適量

●檸檬奶油（容易製作的分量）

35%鮮奶油	50g
細砂糖	40g
白蘭姆酒（百家得雞尾酒）	15g
檸檬濃縮汁	20g

●紅紫蘇糖漿

紅紫蘇	適量
水	適量
細砂糖	適量
蘋果醋	適量

●檸檬糖漿（容易製作的分量）

檸檬汁	100g
細砂糖	150g
檸檬濃縮汁	2g
水	50g
白蘭姆酒（百家得雞尾酒）	40g
青紫蘇	2片

冰	適量
紫蘇花穗、珍珠糖	適量
零陵香豆提味煉乳糖漿 （製作方式請參照P.31）	適量
檸檬紅紫蘇糖漿★	適量

★取等量的紅紫蘇糖漿、檸檬糖漿、白蘭姆酒混合攪拌均勻

●檸檬奶油的製作方法

將鮮奶油和細砂糖放入攪拌盆中打至6分發泡，加入蘭姆酒和檸檬濃縮汁攪拌至流動緩慢狀。

●紅紫蘇糖漿的製作方法

水加熱至沸騰，放入洗淨的紅紫蘇，煮到出味後用篩子過濾。將過濾好的紅色紫蘇汁和細砂糖放入鍋裡熬煮，加入蘋果醋拌勻。

●檸檬糖漿的製作方法

鍋裡放入檸檬汁、細砂糖、檸檬濃縮汁和水加熱至砂糖溶解，稍微放涼後加入蘭姆酒和青紫蘇，靜置到完全冷卻。

Café Lumière

カフェ ルミエール

白巧克力與覆盆子火焰刨冰

深受顧客喜愛的招牌冰品「燃燒的火焰刨冰」。使用具有硬度且氣泡安定性高的義式蛋白霜，
這樣才能讓冰片即使在火焰燃燒下也不會輕易融化。
所有作業一律從客人點餐後才開始進行，雖然費時費功夫，卻是獨一無二的原創品項。

義式蛋白霜的製作方法

鍋裡依序放入水和砂糖，熬煮至118度C，小心不要燒焦。用電動攪拌機打發蛋白和剩餘的砂糖至6分發，從鍋緣慢慢倒入剛才熬煮至118度C的糖漿中。

確實混拌至糖漿冷卻。完成氣泡比一般蛋白霜安定、外表明亮光澤且具有一定硬度的義式蛋白霜。

覆盆子醬的製作方法

將覆盆子和自製草莓糖漿倒入攪拌盆中，用手持式攪拌棒拌勻。完成後過篩以增加滑順口感。

材料

●義式蛋白霜（容易製作的分量）

糖漿…25g（細砂糖130g＋水50g）	
蛋白…165g	

●覆盆子醬（容易製作的分量）

覆盆子（冷凍）…80g	
自製草莓糖漿…100g	

冰…適量	
自製煉乳…60g	
沙菠蘿（酥糖粒）…適量	
焦糖醬…10g	
香緹鮮奶油…30g	
卡士達糖漿…15g	
藍莓…7、8顆	
白巧克力慕斯…20g	
白巧克力醬…15g	
草莓…1顆	
奶油糖霜（事先用花嘴擠出並冷凍）…適量	
蘭姆酒…10cc	

盛裝

取具有深度的器皿盛裝如小山高的冰片，輕輕用手按壓使冰片穩固不易崩塌。淋上大量自製的煉乳和覆盆子醬。

撒上沙菠蘿，淋上作為隱藏美味的焦糖醬。接著澆淋香緹鮮奶油和卡士達糖漿。

擺上藍莓，用冰淇淋杓挖一球白巧克力慕斯置於最頂端。

繼續往上堆疊冰片，並用手輕輕按壓固定形狀，淋上自製煉乳、覆盆子醬和白巧克力醬。

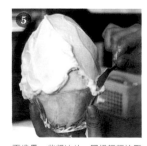

再堆疊一些粗冰片，同樣輕輕按壓後淋上白巧克力醬。接著塗抹大量義式蛋白霜，並用奶油刀抹出漂亮的斜面。

將草莓切成8等分，沿著斜面排出螺旋狀。接著用瓦斯噴槍燒出烤痕，再以奶油糖霜裝飾。上桌時加熱蘭姆酒至沸騰，用火點燃後澆淋在刨冰頂端上。

Special order

只要事先預定，店家也能提供刨冰的生日擺盤服務。追加費用600日圓。

巧克力百匯

刨冰粉絲們翹首引領的情人節限定版刨冰。巧克力和刨冰很難組合在一起，
但巧克力百匯卻一次使用3種不同口味與質地的巧克力。
完食後，覆盆子慕斯的清爽口感將整個美味鎖在唇齒間，是巧克力愛好者絕對不能錯過的極品。

覆盆子慕斯的製作方法

將覆盆子泥和細砂糖倒入小鍋裡，加熱溶解細砂糖，稍微沸騰後從火爐上移開，放入事先泡水膨脹的明膠攪拌至溶解，然後將小鍋置於冰塊上冷卻。鮮奶油打發至7分發泡備用。先在攪拌盆中放入覆盆子泥，將打發好的鮮奶油分3次加進去混拌均勻。

材料

●覆盆子慕斯（容易製作的分量）

覆盆子泥	250g
細砂糖	36g
鮮奶油（7分發泡）	360g
粉末明膠	8g

●巧克力糖漿（容易製作的分量）

巧克力糊	36g
牛奶	75g
細砂糖	40g
可可粉	20g

●特製巧克力醬（容易製作的分量）

黑巧克力	適量
牛奶	適量
細砂糖	適量
可可粉	適量

冰	適量
香緹鮮奶油（8分發泡）	100g
自製煉乳	50g＋20g
沙菠蘿（酥糖粒）	適量
焦糖醬	10g
草莓	2顆
巧克力奶油霜	70g
覆盆子（冷凍）	2顆
松露巧克力	適量
金粉	少許

盛裝

盛裝容器事先冰鎮備用。用冰淇淋杓挖1球覆盆子慕斯平放在容器裡，同樣用冰淇淋杓挖1球香緹鮮奶油平鋪在覆盆子慕斯上。

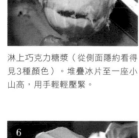

淋上巧克力糖漿（從側面隱約看得見3種顏色）。堆疊冰片至一座小山高，用手輕輕壓緊。

在巧克力糖漿上澆淋自製煉乳，在中間部位撒上沙菠蘿，並淋上少許作為隱藏美味的焦糖醬。

依序鋪上香緹鮮奶油、切成1cm立方的草莓丁。堆疊滿滿的細冰片直到看不到縫隙（可以乘載鮮奶油的重量），刨成山一樣高，然後用手輕輕壓緊。

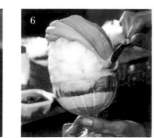

淋上自製煉乳和巧克力糖漿後，繼續堆疊冰片並輕輕緊壓，然後再次淋上自製煉乳。

將大量巧克力奶油霜置於頂端，用奶油刀由上至下塗抹，讓整個刨冰包覆在巧克力奶油霜底下。

最後淋上特製巧克力醬，並用剩餘的草莓（切成8等分）、松露巧克力、覆盆子、金粉點綴。

信玄冰

售價
850 日圓

彷彿入口即化令人衝擊的信玄餅，搭配使用了沖繩八重山產的純黑自製黑糖蜜，
這是男女老少都喜愛的組合。重烘焙的黃豆粉充滿焦香，
少量的紅豆餡使味道更具層次與深度。夏季的人氣商品。

黑糖蜜的製作方法

將黑糖放進耐熱容器中，蓋上保鮮膜，用微波爐700W加熱1分30秒。移到鍋裡輕輕搗碎。

將糖漿和水倒入鍋裡，以中火加熱。沸騰後轉大火煮至黏稠泥狀。這裡使用的是八重山產的純黑糖。

信玄餅的製作方法

將白玉粉、果糖放入鍋裡混拌均勻，分次加水並以中小火熬煮。多放點水慢慢熬煮，能使信玄餅更具黏稠性和延展性。以果糖取代砂糖更具獨特風味，即便用量不多，也能使甜味更加鮮明。

材料

● 黑糖蜜（容易製作的分量）

黑糖…250g

糖漿…250g

水…150g

● 信玄餅（容易製作的分量）

白玉粉…120g

果糖…100g

水…650g

冰…適量

紅豆餡…40g

黃豆粉（重烘焙）…少許

盛裝

以繞圈方式盛裝細冰片，堆疊成一座小山高，用手輕輕壓緊。

在冰片中央淋上大量黑糖蜜，並用冰淇淋杓挖一球信玄餅置於中央。同樣挖一球紅豆餡置於信玄餅上面。

繼續往上堆疊冰片，並用手輕輕壓緊。

Point

100%甘蔗製作的純黑糖又硬又大塊，建議先用微波爐加熱一下，變軟後比較容易處理。

黑糖蜜不留白地仔細淋在冰上。

再次用冰淇淋杓挖一球信玄餅和紅豆餡置於冰片正中間，最後撒上黃豆粉。

香蕉提拉米蘇刨冰

售價
950 日圓

點餐後才開始製作的香蕉糖漿，使用的是水飴、黑糖、甜菜糖3種糖製成的純手工糖漿。
充滿濃郁奶香味的馬斯卡彭起司和香蕉糖漿搭配帶點苦味的可可，
這是店裡一年四季都相當受到歡迎的招牌夯品！

香蕉糖漿的製作方法

將香蕉切成1cm寬，加入事先冰鎮過的自製糖漿與鮮奶油，用手持式攪拌棒攪拌至黏稠狀。

馬斯卡彭起司奶油醬的製作方法

將馬斯卡彭起司放入攪拌盆中，分次加入鮮奶油混拌均勻。充分混拌後用打蛋器打至6分發泡。

材料

●香蕉糖漿（容易製作的分量）

香蕉	80g
自製糖漿	80g
鮮奶油	20g

●馬斯卡彭起司奶油醬（容易製作的分量）

馬斯卡彭起司	250g
鮮奶油	200g
細砂糖	40g

冰	適量
香蕉	1根
自製煉乳	50g
沙菠蘿（酥糖粒）	適量
可可粉	適量
紅糖	少許

盛裝

1. 用器皿盛裝冰片至一座小山高，用手輕輕壓緊。將半根香蕉切成1cm寬的扇形，另外半根切成1cm寬的半圓形備用。

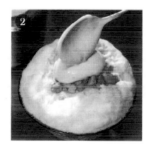

2. 淋上大量自製煉乳，並在中央注入香蕉糖漿。擺一大匙沙菠蘿後淋上一大匙馬斯卡彭起司奶油醬。

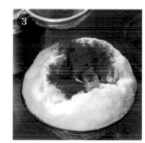

3. 鋪一層扇形香蕉片，撒上可可粉。繼續堆疊細冰片至一座小山高，同樣用手輕輕壓緊。

4. 整體淋上自製煉乳，然後從頂端澆淋香蕉糖漿。

5. 同樣也是從頂端澆淋馬斯卡彭起司奶油醬，並撒上可可粉。

6. 將紅糖撒在半月形的香蕉片上，以瓦斯槍烤至漂亮焦色以作為裝飾。

Point

最晚要於料理前的2小時將冰塊自冷凍庫中取出備用。想要切削出具有蓬鬆感的冰片，冰塊表面溫度最好維持在－5度C。

03
komae cafe
コマエカフェ

黑糖蜜黃豆粉刨冰

售價
800日圓

撒上自製黑糖蜜與黃豆粉，一道讓人盡情享受食材美味的刨冰。
使用種子島產的黑糖與天然冰融化的水所製成的黑糖蜜，最大特色是不黏膩的清爽甘甜味。
而現做的黃豆粉充滿濃郁的黃豆香氣，更加增添一份奢侈感。

黑糖蜜的製作方法

將黑糖和天然冰融化的水放入鍋裡加熱，不要煮焦一邊攪拌至沸騰。店裡使用的是種子島出產的純甘蔗製作的黑糖。

沸騰後轉中小火繼續熬煮，小心除去鍋裡的浮沫。浮沫是造成鹹味的主要原因，要盡可能去除乾淨。轉小火繼續熬煮5分鐘左右至黑糖完全溶解且呈黏稠狀。

從具有透明感的黑色煮至帶有光澤的深黑色。如果熬煮至過於黏稠，澆淋在冰片上時會迅速凝結變硬，所以關鍵是具有黏稠性的同時還要具有流動性。過篩後置於鍋中隔冰急速冷卻。

材料

●黑糖蜜（容易製作的分量）

黑糖…200g

融冰水（天然冰融化後的水）
…160g

●黃豆粉

黃豆和細砂糖…2：1的比例

●煉乳牛奶

煉乳、牛奶…各適量

冰…適量

煉乳牛奶

為了使刨冰充滿濃濃的牛奶風味，一般會使用煉乳牛奶作為基本淋醬。店裡的配方使用較多牛奶，不會過甜，口感也更加清爽。

黃豆粉的製作方法

將黃豆平鋪於烤盤上，放入180度C的烤箱中烘烤10～15分鐘至黃豆芯熟透。當黃豆表面上色且豆皮裂開，剝開後裡面變色即可出爐。

稍微放涼後用果汁機攪拌成粉末狀。店裡使用的是家用磨豆機，有助於提升黃豆的香氣。

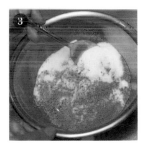

過篩後和細砂糖混拌在一起。添加黃豆粉既可增加口感又帶有清爽甜味，可以事先做好備用，但現做的黃豆粉更具撲鼻的香氣。

盛裝

器皿裡盛裝同高度的冰片，依序淋上煉乳牛奶和黑糖蜜，然後撒上黃豆粉。

從器皿邊緣往中央繼續堆疊冰片，依序淋上煉乳牛奶和黑糖蜜，並撒上黃豆粉。

繼續堆疊冰片至一座小山高，依序淋上煉乳牛奶、黑糖蜜和黃豆粉，最後再次以黑糖蜜作為結尾。

奇異果馬斯卡彭起司刨冰

售價
900日圓

沒有任何加熱處理，更能享受奇異果的新鮮美味。
奇異果的微酸非常適合搭配馬斯卡彭起司的甜味與濃郁乳香。
鬆軟冰片配上馬斯卡彭起司奶油，口感綿密又滑順。

奇異果醬的製作方法

奇異果削皮後切成4等分，和細砂糖一起放入攪拌盆裡。建議使用綠色果肉的奇異果，適度的酸味與鮮綠色彩更具奇異果風味。

使用手持式攪拌棒將奇異果和細砂糖混拌至糊狀。如果壓碎奇異果的黑籽，一段時間過後會整體發黑且出現澀味，所以攪拌時務必小心不要壓碎黑籽。

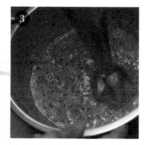

不需要攪拌至完全呈糊狀，稍微保留一些果肉會更加美味。由於奇異果醬不經加熱處理，必須在當天使用完畢。

材料

●奇異果醬（容易製作的分量）

奇異果…4顆

細砂糖…奇異果重量的30〜40%

●馬斯卡彭起司
（容易製作的分量）

馬斯卡彭起司…100g

細砂糖…10g

35%鮮奶油…100g

冰…適量

煉乳牛奶（製作方法請參照P.47）
…適量

馬斯卡彭起司奶油的製作方法

將馬斯卡彭起司和細砂糖倒入攪拌盆裡，用矽膠刮刀攪拌至細砂糖溶解。

加入鮮奶油後繼續攪拌。為避免油水分離，要分次加入鮮奶油，而且每次加入鮮奶油之前，務必確認充分拌勻。注意攪拌過度的話，鮮奶油可能會變得乾巴巴。

所有鮮奶油倒入攪拌盆後，改用打蛋器打發至起泡。奶油若太硬，無法與冰片融合在一起；若太軟，則無法盛裝在刨冰頂端，所以奶油尖角微微挺立的軟硬度最為理想。

Point

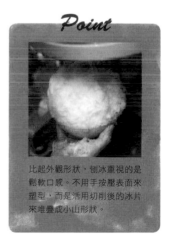

比起外觀形狀，刨冰重視的是鬆軟口感。不用手按壓表面來塑型，而是活用切削後的冰片來堆疊成小山形狀。

盛裝

器皿裡盛裝同高度的冰片，整體淋上煉乳牛奶，從中央向周圍淋上奇異果醬。

從器皿邊緣向中央繼續堆疊冰片，並依序淋上煉乳牛奶和奇異果醬。

再次堆疊冰片至一座小山高，依序淋上煉乳牛奶和奇異果醬，最後將馬斯卡彭起司奶油置於最頂端。

香料奶茶刨冰

以不加牛奶的香料奶茶作為刨冰的糖漿使用。
只用煉乳牛奶和馬斯卡彭起司奶油，打造充滿香料奶茶風味的刨冰。
香料的迷人香氣適合用在各種不同季節裡。

香料奶茶糖漿的製作方法

鍋裡放入茶葉、丁香、白荳蔻、肉桂粉，倒入分量外的水，差不多淹過材料就可以了。這裡使用和牛奶非常合拍的阿薩姆紅茶茶葉。

中火加熱至茶葉張開且飄出茶香。由於肉桂粉不易溶解，加熱時要適度攪拌。另外茶葉會吸水，需要適時補水以保持水淹過材料的狀態。

茶葉確實張開後，加入細砂糖和分量內的水，加熱並攪拌至細砂糖溶解。細砂糖溶解後，關火用網篩過濾。

盛裝

器皿裡盛裝同高度的冰片，整體淋上煉乳牛奶，並從中央往外側以螺旋狀方式淋上香料奶茶糖漿，然後撒上肉桂粉。

從器皿邊緣向中央繼續堆疊冰片，依序淋上煉乳牛奶、香料奶茶糖漿，並撒上肉桂粉。

再次堆疊冰片至一座小山高，淋上煉乳牛奶，並從中央往外側以螺旋狀方式淋上香料奶茶糖漿，然後撒上肉桂粉。最後從頂端淋上馬斯卡彭起司奶油及一些肉桂粉。

材料

● 香料奶茶糖漿（容易製作的分量）

茶葉（阿薩姆紅茶）	…16g
丁香	…6g
白荳蔻	…8粒
肉桂粉	…適量
細砂糖	…150g
水	…100g

冰…適量

煉乳牛奶
（製作方法請參照P.47）…適量

肉桂粉…適量

馬斯卡彭起司奶油
（製作方法請參照P.49）…適量

刨冰機

CHUBU CORPORATION股份有限公司出產的「BASYS」機型刨冰機能切削出鬆軟綿密的冰片。店裡於製作300碗刨冰後會打磨保養刀片一次。

Point

店裡的煉乳牛奶用於所有刨冰，淋在整碗刨冰上是為了讓客人從每個角度都能吃到美味。

安納地瓜刨冰

使用直接從種子島中種子町砂農家進貨的安納地瓜製作而成的刨冰。
活用安納地瓜的濃郁香甜與綿密口感，做成滑潤順口的地瓜醬。
另外搭配焦糖醬，反而有種布丁的特別滋味。

安納地瓜醬的製作方法

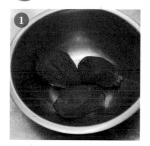

① 安納地瓜洗淨後切掉頭尾，用鋁箔紙包起來放進160度C烤箱中烘烤90分鐘，出爐後剝皮放入攪拌盆中。

② 加入細砂糖，用矽膠刮刀將安納地瓜搗碎和細砂糖拌勻。

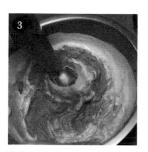

③ 整體變滑順後加入鮮奶油，用手持式攪拌棒將安納地瓜的纖維切碎，並同時將材料攪拌均勻。

材料

●安納地瓜醬（容易製作的分量）

安納地瓜…200g	
細砂糖…60～80g（安納地瓜的30～40%）	
35%鮮奶油…200g	
牛奶…400g	
冰…適量	
煉乳牛奶（製作方式請參照P.47）…適量	
穀麥…適量	
焦糖醬…適量	

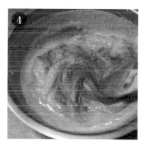

④ 分數次加入牛奶，用矽膠刮刀拌勻。剛開始可能不太容易攪動，先試著以地瓜覆蓋牛奶的方式拌合。

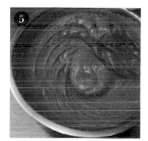

⑤ 地瓜和牛奶混合在一起後，加入第二次的牛奶拌勻。牛奶全部加進去後，改用打蛋器打發，打發至提起打蛋器時會留下一條尾巴的狀態。

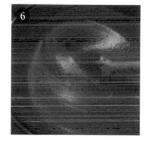

⑥ 整體蓬鬆且散發光澤後，用濾網過篩。滑潤順口的安納地瓜醬大功告成。

店裡使用富士山天然冰「不二」冰店的冰塊。以富士山天然冰所製作的刨冰都具有一定程度的美味評價。

盛裝

① 器皿裡盛裝同高度的冰片，整體淋上煉乳牛奶，在中央處淋上安納地瓜醬。

② 再從器皿邊緣向中央堆疊冰片，並依序淋上煉乳牛奶和安納地瓜醬。

③ 繼續堆疊冰片至一座小山高，整體淋上煉乳牛奶，並在中央處淋上安納地瓜醬。最後撒上穀麥、澆淋焦糖醬。

盛裝刨冰的器皿出自鎌倉的陶藝家之手。觸感佳又好拿握，是刻意計算過盛裝形狀與尺寸的訂製品。

04 BW cafe

BWカフェ

朧豆腐刨冰

售價
750日圓

豆腐加豆漿製作而成的健康刨冰。店裡使用的是調味豆漿，不用擔心油水分離的問題。

味道極具深度，濃郁又爽口，成功做出充滿高級感的好滋味。

即便冰片融化，還是能繼續享受美味直到最後一口。

材料（容易製作的分量）

豆漿（調味豆漿）…適量	
枸杞…少許	
朧豆腐…100g	
糖漿…30g	
黃豆粉…適量	
豆漿冰淇淋…冰淇淋杓1球	

將豆漿倒入製冰盒中並放入冷凍庫裡。枸杞先用熱水泡開備用。

確實擦乾朧豆腐表面的水分，放入食物調理機中。

用食物調理機攪拌朧豆腐的同時慢慢加入糖漿，調理機運作3～5分鐘將食材確實混拌均勻。

關於器皿

統一使用白色器皿。另一方面，刻意使用有深度的器皿，是為了打造一種無法直接看到冰品內容物的表現。

攪拌至黏稠且口感滑順。特別留意一點，一開始沒有確實將朧豆腐擦乾的，攪拌後的成品可能會太稀。

取出豆漿冰，靜置2～5分鐘備用。結凍狀態下的豆漿冰呈褐色，切削成冰片後會變回白色。

一開始切削成粗冰片，之後慢慢改為細冰片。為避免奶油壓垮冰片，盛裝時冰片要稍微高於器皿的高度並稍微抹平。

淋上大量的朧豆腐奶油。

將豆漿冰置於頂端，撒上黃豆粉和枸杞。

水果百匯刨冰

售價
750日圓

將7、8種水果浸漬在糖漿裡3天，讓水果風味更加香醇。
既能享受粗冰片的口感，又能享受各種水果的咬感。
另以香檳杯盛裝水果，營造視覺上的繽紛奢華感。

材料（容易製作的分量）

當季水果…7、8種	
蘋果…1顆	
鳳梨…1/8個	
金桔…5顆	
香蕉…1根	
葡萄柚…1/2顆	
奇異果…1顆	
火龍果…1/4顆	
葡萄…10顆	
水…500ml	
砂糖…750g	
黑粉圓…50g（無乾燥狀態）	
冰…摘量	
薄荷…少許	

蘋果削皮切成12等分，每1等分再切成3小塊（大約是1口的大小）。

鳳梨切成8～10等分，再配合蘋果的大小切小塊。

金桔切半，拿掉裡面的籽。

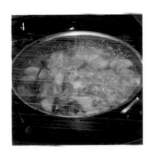

將水、砂糖、水果倒入鍋裡，蓋上內蓋，以中小火煮5～10分鐘。熬煮至稍微留有咬感的程度即可關火。

葡萄柚縱切成6等分後去皮，然後再切成一半。奇異果削皮後縱切成4等分，再切成8mm寬。

火龍果去皮後切成5mm寬。葡萄則先拔掉葡萄梗備用。

將葡萄柚、奇異果、火龍果、葡萄和粉圓一併倒入鍋裡放涼。

移至容器內，放在冰箱冷藏室3天左右。靜置3天能使糖漿與水果的香氣、味道完全融合在一起。

器皿裡盛裝普通～偏粗的冰片後擺上萊姆片。另外用香檳杯盛裝含果實在內的糖漿，並插上薄荷葉作為裝飾。組合式刨冰完成了。

Point

將水果事先加熱煮過可以增加光澤，再和糖漿混拌在一起後，風味和口感會跟著提升。區分適合加熱與適合直接使用的水果也是非常重要的步驟之一。

蕎麥茶刨冰

從冰塊、糖漿到餡料全部活用蕎麥的蕎麥茶刨冰。
以炒過的蕎麥粉取代黃豆粉，搭配充滿蕎麥茶香氣與風味的蕎麥蜜，
有不少客人希望店家能單獨販售這兩樣商品，可見蕎麥的好滋味多麼受到喜愛。

蕎麥冰塊・蕎麥蜜・炒過的蕎麥粉的製作方法

將水、蕎麥茶包倒入鍋裡，以中火加熱，沸騰後關火。靜置一旁放涼備用。取出茶包，將蕎麥茶倒入製冰機中並放入冷凍庫裡結凍。接著將砂糖倒入裝有剩餘蕎麥茶的鍋裡，以中火加熱。撈出浮沫並熬煮至稍微黏稠，這就是蕎麥蜜。

將蕎麥粉倒入平底鍋裡，以小火拌炒。飄出香氣後關火，將炒過的蕎麥粉移至容器中，加入砂糖和鹽混拌均勻。接著將蕎麥籽倒入平底鍋裡，同樣用小火拌炒。接近狐狸色時立即取出。如果不立即取出，鍋裡的餘熱會導致蕎麥籽燒焦。

蕎麥粉白玉湯圓的製作方法

將製作白玉湯圓的材料（水除外）倒入攪拌盆中，用手充分攪拌均勻。

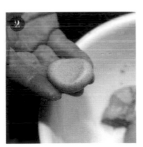

慢慢加水到攪拌中，和勻後捏成2cm左右的糰子並稍微壓扁成3cm大小，在麵糰中間留下一個裝內餡的小凹槽。

煮一鍋沸水，將蕎麥粉做成的白玉湯圓放入鍋裡。浮起在水面上後撈起來，稍微用冰水沖一下。

盛裝

取出蕎麥冰塊，靜置2～5分鐘。在器皿裡盛裝冰片。

將白玉湯圓、義式冰淇淋擺在器皿邊緣，並將紅豆餡盛裝於器皿中央。

擠一些鮮奶油在紅豆餡上面。沒有擺上配料的部分，撒上大量炒過的蕎麥粉和蕎麥籽，最後再以薄荷葉點綴。上桌時附上一小碟蕎麥蜜。

材料（容易製作的分量）

● 蕎麥冰

蕎麥茶…15個茶包（8g/1茶包）

水…2000ml

● 蕎麥蜜

蕎麥茶…900ml

砂糖…約1kg

● 炒過的蕎麥粉

蕎麥粉（白）…200g

砂糖…20g

鹽…少許

● 炒過的蕎麥籽

蕎麥籽…少許

● 蕎麥粉白玉湯圓

蕎麥粉（黑）…50g

白玉粉…150g

砂糖…20g

水…180ml

蕎麥粉義式冰淇淋…冰淇淋杓1球

紅豆餡…1大匙

鮮奶油…少許

薄荷（裝飾用）…少許

Point

用於製作刨冰與甜點的蕎麥茶，通常會比飲用的蕎麥茶濃郁10倍。為了萃取蕎麥茶的風味與香味，煮蕎麥茶時盡量不要長時間沸騰。

05

Dolchemente

ドルチェメンテ

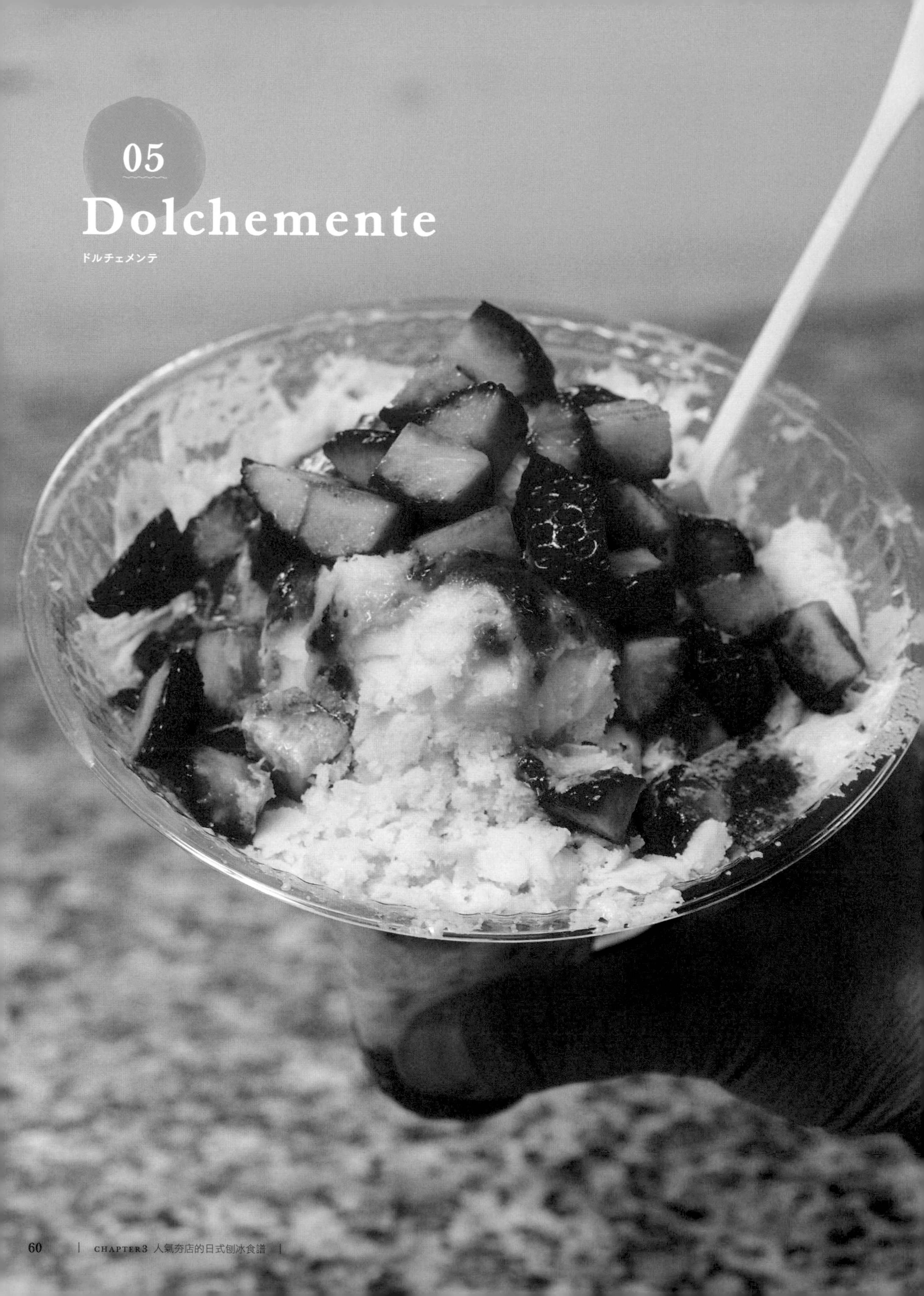

草莓刨冰

法式甜點中的刨冰首重活用新鮮水果的水果醬,搭配牛奶口味的雪花冰,是夏季限定的外帶商品。
未經加熱處理的水果醬必須現做,無法事前做好備用。
草莓牛奶刨冰是店裡最受歡迎的冰品。

草莓醬的製作方法

先用水果刀切除草莓蒂頭。將裝飾用的5顆草莓先橫切成5mm大小再縱切成一半。

輕壓著兩端縱切成薄片。依這樣的順序切草莓,可以將草莓切成漂亮的薄片,而且不會壓碎。

將製作草莓醬用的5顆草莓和純糖粉裝在岩谷公司出產的「粉碎器」耐熱玻璃器皿中,確實蓋好蓋子。

安裝好粉碎器。材料量少於75ml時,適合使用這種方便又輕巧的粉碎器。

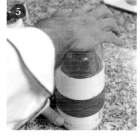

用手掌輕輕地按壓6～7次,不要長時間按壓。這樣才能將草莓切碎且保留草莓的新鮮度與果肉、草莓籽的口感。

注意不要將草莓籽全部壓碎。

盛裝

先在外帶用的塑膠碗底部鋪一大匙草莓醬,然後沿著塑膠碗邊緣倒入適量的草莓醬。店裡的淋醬方式都是以讓顧客能一眼看出來為原則。

放一塊雪花冰磚在雪花冰機上。以旋轉容器的方式往上堆疊緻帶形狀的雪花冰片。

將剩餘的草莓醬淋在冰片頂端,最後再以新鮮草莓裝飾。

材料(1碗刨冰分量)

草莓(裝飾用)…5顆(約50g)

草莓(製作草莓醬)…約50g

純糖粉…約25g
(製作草莓醬的草莓用量的一半)

雪花冰…1個(140g)

Point

使用MARUI物產製造的「ONE-SHOT雪花冰機」。這台機器能切削出細緻、飽含空氣又充滿香甜氣息的牛奶雪花冰。將牛奶雪花冰磚裝在雪花冰機裡,只要輕輕按下按鈕,即可輕鬆做出美味的法式甜點。

奇異果刨冰

使用紐西蘭產奇異果製作的刨冰相當受到成人顧客的青睞。
搭配微甜的牛奶雪花冰，
既能有效調整酸甜度，還能減少砂糖用量。

奇異果醬的製作方法

材料（1碗刨冰分量）

奇異果（裝飾用）…1/2顆

奇異果（製作奇異果醬）…1/2顆

純糖粉…約25g
（製作奇異果醬的奇異果用量的一半）

雪花冰…1個（140g）

邊扭開奇異果蒂頭邊拔出取果芯，用這個方法能簡單地取果芯，很便利。

切掉另一端的蒂頭，削皮後切成一半。一半用於製作奇異果醬，一半用於裝飾。

將裝飾用的奇異果切成4瓣，切掉白色果芯後再各自切成5等分。

將製作奇異果醬的奇異果縱向切成一半，然後再各自切成4等分。

將醬料用的奇異果和糖粉放入粉碎器的玻璃器皿中，蓋上蓋子。

按壓6～7次，糖粉溶解後就是充滿酸甜味的滑順奇異果醬。注意不要壓碎果肉上的黑籽。

Point

「ONE-SHOT雪花冰機」專用的雪花冰磚盒，1個全部用完大約是140ml。

盛裝

先在外帶用的塑膠碗底部鋪大約一大匙的奇異果醬，然後沿著塑膠碗邊緣倒入適量的奇異果醬。

放一塊雪花冰磚在雪花冰機上。以旋轉容器的方式往上堆疊緞帶形狀的雪花冰片。

將剩餘的奇異果醬淋在冰片頂端，最後再以新鮮奇異果裝飾。

芒果刨冰

售價
500 日圓

同草莓刨冰都是相當受到熱愛的冰品。
泰國產的冷凍芒果，以微波爐加熱恢復室溫後就能切塊。
製作芒果醬時，為了使糖分充分溶解至醬料中，
店家使用不加玉米澱粉的純糖粉。而這也是法式甜點的獨特創意。

芒果醬的製作方法

將冷凍芒果放入微波爐中加熱，切成大約1.5cm的大小以保留口感。一半用於製作芒果醬，一半用於裝飾。

將製作芒果醬的芒果和糖粉一起放入粉碎器的玻璃容器中，蓋上蓋子。

按壓6～7次使芒果呈泥狀。糖粉溶解後就是甜度適中的滑順芒果醬。

盛裝

先在外帶用的塑膠碗底部鋪大約一大匙的芒果醬，然後沿著塑膠碗邊緣倒入適量的芒果醬。

放一塊雪花冰磚在雪花冰機上。以旋轉容器的方式往上堆疊緞帶形狀的雪花冰片。

將剩餘的芒果醬淋在冰片頂端，最後再以芒果裝飾。

材料（1碗刨冰分量）

冷凍芒果（裝飾用）…約50g

冷凍芒果（製作芒果醬）…約50g

純糖粉…約25g
（製作芒果醬的芒果用量的一半）

雪花冰…1個（140g）

Point

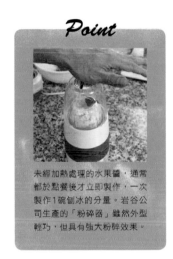

未經加熱處理的水果醬，通常都於點餐後才立即製作，一次製作1碗刨冰的分量。岩谷公司生產的「粉碎器」雖然外型輕巧，但具有強大粉碎效果。

巧克力刨冰

售價
500日圓

使用調溫巧克力（可可含量55%）搭配從生乳中抽掉脂肪且3倍濃縮加工的脫脂濃縮牛奶
來製作刨冰用的巧克力醬，這款巧克力醬充滿濃濃的巧克力香與牛奶香氣。
巧克力醬與牛奶雪花冰的組合是小朋友最愛的刨冰。

巧克力醬的製作方法

材料（容易製作的分量）

調溫巧克力（可可含量55%）
…200g

北海道脫脂濃縮牛奶…200ml

鮮奶油（乳脂肪含量35%）…200ml

細砂糖…40g

雪花冰…1個（140g）

將北海道脫脂濃縮牛奶和鮮奶油倒入鍋裡加熱，輕輕攪拌均勻後，加入細砂糖混拌。

小心不要加熱至燒焦，但務必要煮沸。

沸騰後倒入裝有調溫巧克力的器皿中。雖然調溫巧克力的可可含量不高，但經過這樣的處理也能變得香醇濃郁。

使用寶迷（Bamix）等耐熱的手持料理棒充分攪拌，直到整體呈牛奶巧克力的顏色。

攪拌均勻後倒入攪拌盆中，並將整個攪拌盆放入另外一個裝有冰塊的盆子裡，用刮刀輕輕攪拌至冷卻。

提起刮刀時，巧克力醬以線狀方式滴落就完成了。冷藏保存的話，能有2天的賞味期。不需要隔水加熱即能直接使用。

Point

從頂端以線狀滴落方式澆淋巧克力醬，然後再以繞圈方式淋在下方冰片上。

盛裝

先在外帶用的塑膠碗底部鋪大約一大匙的巧克力醬，然後沿著塑膠碗邊緣倒入適量的巧克力醬。

放一塊雪花冰磚在雪花冰機上。以旋轉容器的方式往上堆疊緞帶形狀的雪花冰片。

淋上適量的巧克力醬。

06 吾妻茶寮
AZUMA SARYO

MITARASHI～日式醬油糰子風刨冰

將日式醬油糰子表現在刨冰上的獨特品項。
甘甜醬料、脆口冰片、柔軟的慕斯泡沫都是令人上癮的美味。
最後撒上米果和切小片的海苔，打造日式風裝飾。

白蜜的製作方法

鍋裡放水煮至沸騰，加入細砂糖。（可依個人喜好使用其他種類的砂糖，中雙糖或水飴等也可以。）

細砂糖溶解且開始冒泡後關火放涼。除了製作「MITARASHI」糖漿外，也能作為其他種類的糖漿、醬料的基底。

材料

●白蜜（容易製作的分量）

水…1L	
細砂糖…1kg	

●MITARASHI用慕斯泡沫（容易製作的分量）

日式醬油糰子的甜辣醬料…50ml
牛奶…200ml
煉乳…200ml
鮮奶油…200ml
慕斯泡沫粉（ESPUMA粉）…15g

●日式醬油糰子醬糖漿（容易製作的分量）

白蜜…180ml
日式醬油糰子的甜辣醬料…20ml

香草冰淇淋…適量
求肥（類似麻糬）…適量
米果（霰餅）…適量
切小片海苔…適量
日式醬油糰子（串）…1根
冰…適量

日式醬油糰子醬糖漿的製作方法

將日式醬油糰子的甜辣醬料倒入裝有白蜜的調味料瓶中，充分搖晃均勻。

MITARASHI用慕斯泡沫的製作方法

準備製作慕斯泡沫的材料。為了讓日式醬油糰子的甜辣醬料容易和其他材料混拌在一起，先用微波爐加熱一下。

將所有材料倒入調味料瓶中，充分搖晃均勻後放進冰箱冷藏室。（容易油水分離，移至奶油槍瓶前，務必再次搖晃均勻。）

盛裝

冰片的高度稍微高於器皿邊緣，整體淋上日式醬油糰子醬糖漿。

往上堆疊香草冰淇淋和求肥。事先將求肥切成小丁備用。

繼續堆疊冰片至一座小山高，淋上大量日式醬油糰子醬糖漿。填充好奶油槍的氮氣，裝好花嘴，由下往上擠出螺旋狀的慕斯泡沫。

在頂端撒米果和海苔。在器皿邊緣插1根日式醬油糰子串作為裝飾，上桌時另外附上一小碟米果。

抹茶提拉米蘇VS草莓刨冰

以當季的新鮮水果作為點綴的抹茶提拉米蘇刨冰，是店裡相當受歡迎的招牌冰品。
奶油起司為基底的慕斯泡沫搭配抹茶，
再以隱藏在冰片內的蕨餅和燕麥片作為重點配料。

宇治糖漿的製作方法

將大約一半的白蜜倒入食物調理機中，加入抹茶後再倒入剩餘的一半白蜜，蓋上蓋子後啟動電源充分攪拌。

關掉調理機，稍微用矽膠刮刀攪拌一下未溶解的抹茶粉，再次啟動電源充分攪拌。

材料

●宇治糖漿（容易製作的分量）

白蜜	2L（製作方法請參照P.69）
抹茶粉	180g～

●提拉米蘇用慕斯泡沫（容易製作的分量）

牛奶	400ml
馬斯卡彭起司	100g
奶油起司	100g
鮮奶油	70ml
白蜜	70ml（製作方法請參照P.69）
煉乳	20ml
慕斯泡沫粉	5g

●馬斯卡彭起司奶油（容易製作的分量）

奶油起司	1000g
馬斯卡彭起司	1000g
細砂糖	400g
鮮奶油	1000g
牛奶	500ml
檸檬汁	50ml

蕨餅	適量
穀麥	適量
抹茶粉	適量
草莓	適量
冰	適量

提拉米蘇用慕斯泡沫的製作方法

將所有材料放入調理機中攪拌至滑順。移至調味料瓶中並放入冰箱冷藏室。（容易油水分離，移至奶油槍瓶前，務必再次搖晃均勻。）

馬斯卡彭起司奶油的製作方法

將奶油起司和馬斯卡彭起起司置於室溫下回溫，用電動打蛋器打發至柔軟。依序加入細砂糖、鮮奶油、牛奶、檸檬汁，繼續打發呈奶油狀。

蕨餅

將蕨餅粉、黑糖和水放入鍋裡，加熱溶解後繼續用大火邊煮邊攪拌，直到濃稠且呈透明感。將鍋子放入另外一個裝好水的鍋子裡冷卻，形狀固定後就完成了。使用黑糖是為了讓味道更濃郁。

盛裝

器皿裡盛裝同高度的冰片，淋上宇治糖漿、擺放蕨餅、馬斯卡彭起司奶油和切細碎的穀麥。

繼續盛裝冰片至一座小山高，淋上大量宇治糖漿至整個冰片呈綠色。

將調製好的慕斯泡沫材料倒入奶油槍瓶中，填充好氮氣，然後由下往上擠出螺旋狀的慕斯泡沫。

撒上抹茶粉，以草莓點綴。草莓顆粒大的話，大約3～4顆。

售價
1080 日圓

抹茶巧克力起司刨冰

大量抹茶糖漿將冰片渲染成一片翠綠，擠上一圈圈帶有濃郁白巧克力風味的
蓬鬆抹茶慕斯泡沫，最後上桌時再附上一小碟抹茶巧克力醬。
一次享盡各種口感，令人回味無窮的抹茶滿漢大餐刨冰。

抹茶糖漿的製作方法

將抹茶粉倒入抹茶碗裡，注入熱水，用茶筅攪拌出濃郁的抹茶。

將❶倒入調味料瓶中，注入冷水後蓋上蓋子。

抹茶巧克力起司用慕斯泡沫&抹茶巧克力醬的製作方法

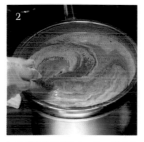

將白巧克力倒入攪拌盆中，採用隔水加熱方式融化巧克力。巧克力融化成液態後加入抹茶粉，充分攪拌至滑順且沒有結塊。

加入鮮奶油混拌均勻，取一部分作為抹茶巧克力醬使用。

將牛奶、慕斯泡抹粉、剩餘的❷倒入調味料瓶中，搖晃均勻後放入冰箱冷藏室。（容易油水分離，移至奶油槍瓶前，務必再次搖晃均勻。）

盛裝

器皿裡盛裝一座小山高的冰片，淋上大量抹茶糖漿，並將馬斯卡彭起司奶油和紅豆餡置於最頂端。

再次堆疊冰片至一座小山高，整體淋上抹茶糖漿。由於冰片量多，必須淋上大量糖漿才能確實滲透至冰片裡面。

將調製好的慕斯泡沫材料倒入奶油槍瓶中，填充好氮氣並裝好6齒花嘴，從中心點以螺旋狀方式擠出慕斯泡沫。最後撒上抹茶粉。上桌時另外附一小碟抹茶巧克力醬。

材料

●抹茶糖漿（容易製作的分量）

抹茶粉…5g	
熱水…50ml	
冷水…200ml	

●抹茶巧克力起司用慕斯泡沫&
抹茶巧克力醬（容易製作的分量）

白巧克力…180g	
抹茶粉…15g	
鮮奶油…350ml	
牛奶…350ml	
慕斯泡沫粉…5g	

馬斯卡彭起司奶油
（製作方法請參照P.71）…適量

紅豆餡…適量	
抹茶粉…適量	
冰…適量	

紅豆餡

置頂配料的紅豆餡使用北海道生產的大納言紅豆製作而成。先將紅豆置於鍋裡浸泡一晚，讓紅豆吸飽水就能煮出軟嫩順口的紅豆餡。

あんどりゅ。

ANDORYU

草莓牛奶刨冰

將當季的新鮮草莓直接搗碎，
製作成飽含果肉的水嫩糖漿。
搭配鮮奶油和煉乳，一種令人懷念的好滋味。

草莓糖漿的製作方法

將砂糖倒入裝有草莓的盆子裡。

加入糖液糖漿。

使用電動攪拌器搗碎草莓。將完成的草莓糖漿倒入調味料品中。（除了草莓，橘子、奇異果、鳳梨等都能使用同樣方式製作成糖漿。）

盛裝

器皿裡盛裝冰片，淋上草莓糖漿，繼續盛裝冰片、淋上糖漿…一層一層往上堆疊。

將冰片堆疊得跟小山一樣高，最後淋上大量的草莓糖漿。

用湯杓舀一匙發泡鮮奶油置於最頂端。

在發泡鮮奶油上澆淋煉乳。

材料

●草莓糖漿（容易製作的分量）

草莓和細砂糖和糖液糖漿
…比例為10：1：5

草莓糖漿…適量

發泡鮮奶油（無糖）…適量

煉乳…適量

冰…適量

Point

將冰片切削成細長形，以飽含空氣的方式往上堆疊，這樣的冰片不僅美味，還具有入口即化的口感。陶器能有效減緩冰片的融化速度，因此店裡使用獨具強烈存在感的陶製金飯鍋來盛裝冰片。

黑芝麻糰子刨冰

售價
800日圓

為了讓白豆沙餡能充分與冰片結合，刻意將白豆沙餡加在糖漿裡，
不僅增添風味，也多了一種黏稠口感。
滑順的發泡鮮奶油中還有令人一吃上癮的Q彈黑芝麻。

白豆沙餡糖漿的製作方法

將白豆沙餡和糖液糖漿加在一起，用打蛋器充分攪拌均勻。

白豆沙餡和糖漿完全混合在一起後，倒入調味料品中備用。

黑芝麻奶油的製作方法

將黑芝麻倒入發泡鮮奶油中。

加入膠糖漿。

用湯杓將材料混拌在一起。

盛裝

將冰片和白豆沙餡糖漿交替堆疊在器皿中。

冰片堆疊至一座小山高時，淋上大量白豆沙餡糖漿，最後再舀一匙黑芝麻奶油蓋在最頂端。

材料

●白豆沙餡糖漿（容易製作的分量）

白豆沙餡和糖液糖漿
…比例為1：1

●黑芝麻奶油

發泡鮮奶油（無糖）…湯杓1匙

焙炒黑芝麻…10g

膠糖漿…15ml

白豆沙餡糖漿…適量

黑芝麻奶油…適量

冰…適量

酪梨牛奶刨冰

簡單反而更加突顯入口即化的冰片與黏稠酪梨的強烈對比。
充分活用食材特性的健康刨冰，
深受老饕們的喜愛。

酪梨奶油的製作方法

酪梨削皮、去核後切成小塊。

將酪梨果肉、香草冰淇淋、砂糖和
牛奶倒入食物調理機中攪拌。

攪拌至滑順奶油狀後，倒入調味料
瓶中備用。

盛裝

將冰片和酪梨奶油交替堆疊在器皿
中。

冰片堆疊至一座小山高時，從頂端
淋上大量酪梨奶油。

材料

●酪梨奶油

酪梨…1顆

香草冰淇淋…和酪梨同分量

細砂糖…酪梨重量的1/10

牛奶…50ml

酪梨奶油…適量

冰…適量

08 kotikaze
こちかぜ

雙色金時刨冰

售價
1000日圓

和三盆糖糖漿、白下糖糖漿搭配紅豆餡的組合，是擅長和菓子的「kotikaze」最引以為傲的刨冰。
「希望大家能認識以傳統作法製作的三盆糖與白下糖，
並將這種美味牢記在心上」一道老闆非常用心良苦設計打造的冰品。

和三盆糖糖漿、白下糖糖漿的製作方法

在鍋裡倒入和三盆糖和水，以大火煮至沸騰後轉為小火，繼續熬煮10～15分鐘至黏稠狀後關火。白下糖糖漿也是相同作法。

「白下糖」是製作和三盆糖的原料，味道很像黑糖。這兩種糖都採購自「三谷精糖」（香川縣）。

白玉湯圓的製作方法

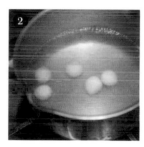

白玉粉倒入攪拌盆中，分次加水並揉開白玉粉，大約揉搓至耳垂的軟度。

汆燙揉成圓形的白玉湯圓，浮上水面後繼續煮10秒左右再撈起來。照片為「蓮見刨冰」使用的白玉湯圓。「雙色金時刨冰」用的白玉湯圓呈扁平狀。

盛裝

器皿裡盛裝冰片，淋上3小匙紅豆餡，再擺上3顆白玉湯圓。白玉湯圓直接接觸冰片的話會變硬，建議擺在紅豆餡上面，然後像蓋上蓋子般再淋上1小匙紅豆餡。

冰片的一半淋上和三盆糖糖漿（右），另外一半淋上白下糖糖漿（左）。

繼續堆疊冰片，並同樣淋上各半邊的和三盆糖糖漿和白下糖糖漿，這樣的步驟重複2次。

材料

●和三盆糖糖漿

和三盆糖糖漿和水…比例為1：1/2

●白下糖糖漿

白下糖和水…比例為1：1/2

●白玉湯圓

白玉粉、水…各適量

白下糖糖漿、和三盆糖糖漿…各適量

紅豆餡…4小匙

白玉湯圓…3顆

冰…適量

顆粒紅豆餡

將北海道出產的大納言紅豆事先浸泡在水裡1晚，換3次水後加白砂糖一起熬煮。雖然刨冰用的紅豆餡不如善哉（紅豆湯裡放年糕的料理）那麼軟爛，但還是建議將紅豆餡煮軟一些。

蓮見刨冰

售價
980日圓

以淡紅色的牛奶糖漿來表現蓮花。
器皿中先盛裝蓮子銀耳湯，既有栗子般的香甜鬆軟口感，
又有蓮子銀耳的黏稠滑順口感，多樣化的口感讓人吃再多也不膩。

蓮子銀耳湯的製作方法

倒入砂糖水淹過乾燥蓮子，放置一晚使其恢復原狀。照片右側為放置一晚後的狀態。蓮子中間的黑色胚芽帶有苦味，記得事先取出。

蓮子倒入鍋裡，注入淹過蓮子的水（分量外）和白砂糖，加熱煮到蓮子變軟。熬煮過程中隨時撈出浮沫。

完成後取150ml左右的蓮子湯，並加入1大匙銀耳。在鍋裡倒入水和白砂糖（1：1/2的比例），煮至沸騰後加入事先去掉蒂頭的銀耳，繼續熬煮1個鐘頭左右至黏稠軟滑。

牛奶糖漿（蓮見刨冰用）的製作方法

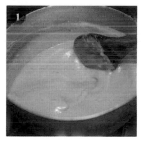

將娟姍牛乳和細砂糖倒入鍋裡，小火熬煮2小時左右。

加入用水溶解的食用色素並充分攪拌均勻。

盛裝

先將蓮子銀耳湯倒在器皿中，然後向上堆疊冰片。記得在作業前10分鐘先將冰塊拿出來置於常溫中備用。

淋上牛奶糖漿。

繼續堆疊冰片並澆淋牛奶糖漿，最後以白玉湯圓作為裝飾。

材料

● 蓮子銀耳湯

蓮子…適量

砂糖水…水1：白砂糖1的比例

白砂糖
…和蓮子（乾燥蓮子）同分量

銀耳…150ml的蓮子銀耳湯放1大匙

● 牛奶糖漿（容易製作的分量）

娟姍牛乳…1L

細砂糖…460g

天然食用色素（紅麴粉末）…適量

蓮子銀耳湯…150ml

牛奶糖漿…適量

白玉湯圓…5顆

冰…適量

蓮子

可於中華食品行等店購得。日文的「花見」是指觀賞櫻花，在江戶時代，通常會於櫻花季後接著賞蓮花，基於這樣的風俗習慣而取名為「蓮見刨冰」。

紅蘿蔔刨冰

售價
880日圓

使用甜度高的大阪產「彩譽」紅蘿蔔來製作紅蘿蔔泥和紅蘿蔔太妃糖。
另外再搭配柑橘類中的百搭葡萄柚，
口感更加滑順且清爽。

紅蘿蔔泥的製作方法

材料

●紅蘿蔔泥（容易製作的分量）

紅蘿蔔…1根

葡萄柚（去皮和白色細絲）
…紅蘿蔔的1/3分量

葡萄柚汁…適量

白砂糖…紅蘿蔔的1/3分量

●紅蘿蔔太妃糖

紅蘿蔔泥和牛奶糖漿
…2：1的比例

紅蘿蔔泥…8大匙

紅蘿蔔太妃糖…1大匙

冰…適量

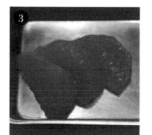

紅蘿蔔削皮後切片，大約蒸煮5〜6分鐘。

將煮熟變軟的紅蘿蔔和白砂糖倒入果汁機中，攪拌至泥狀（A）。

將A和葡萄柚果肉、果汁混合在一起，攪拌至殘留部分果肉的程度。

紅蘿蔔太妃糖的製作方法

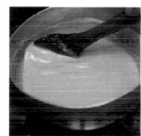

將紅蘿蔔泥（尚未加入葡萄柚的A狀態）和牛奶糖漿倒入鍋裡，以小火熬煮20分鐘左右，熬煮過程中持續攪拌。圖片為熬煮後的狀態。

將1L的娟姍牛乳和460g的細砂糖（※容易製作的分量）倒入鍋裡，熬煮2個小時左右。

盛裝

器皿中盛裝冰片，舀3大匙紅蘿蔔泥淋在上面。

繼續堆疊冰片，再舀3大匙紅蘿蔔泥淋在上面。

繼續堆疊冰片，淋上2大匙紅蘿蔔泥和1大匙紅蘿蔔太妃糖。

今日限定的柑橘類刨冰

每天使用的柑橘種類都不一樣，照片為伊予柑、甜春桔柚（Sweet Spring）、金桔和柚子混搭的刨冰。
使用新鮮果肉製作糖漿，並在器皿中盛裝4、5種新鮮柑橘。
部分柑橘類需要事先剝皮以利食用，滿滿的果汁和果肉，嘴裡心裡都甜滋滋。

伊予柑糖漿的製作方法

伊予柑去皮和白色細絲，然後將果肉放進容器中。在果肉上撒和三盆糖和細砂糖，並淋上果皮擠出來的果汁。靜置一段時間後，果肉出水（A）。將A裝入夾鏈冷凍保鮮袋中，並放入冰箱冷凍。甜春桔柚糖漿也是同樣作法。

冷凍伊予柑糖漿解凍後的狀態。採買各種當季的柑橘，以同樣方法製作後冷凍。需要時解凍，如此一來隨時都有100%的果汁可供使用。

盛裝

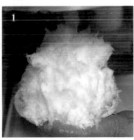

不要分段刨冰，最初就一次性裝滿冰片。為了大量淋上柑橘果汁（糖漿），不用分段淋上果汁才能更好地浸泡。

在1/3的冰片上澆淋伊予柑糖漿，並擺上伊予柑果肉。

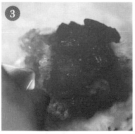

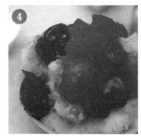

在另外1/3的冰片上澆淋甜春桔柚糖漿，同樣擺上甜春桔柚果肉。

在最後1/3的冰片上澆淋金桔糖漿，並擺上糖漬金桔。最後在頂端擺上一瓣柚子。

材料

●伊予柑糖漿

伊予柑（去皮和白色細絲）…半顆

砂糖（和三盆糖和細砂糖）
…伊予柑的1/3分量，和三盆糖和細砂糖各占一半

●甜春桔柚糖漿

甜春桔柚（去皮和白色細絲）
…半顆

砂糖（和三盆糖和細砂糖）
…甜春桔柚的1/3分量，和三盆糖和細砂糖各占一半

伊予柑糖漿…伊予柑半顆分量

甜春桔柚糖漿…甜春桔柚半顆分量

金桔糖漿…金桔2顆，糖漿適量

柚子…1瓣（去皮和白色細絲）

冰…適量

Point

製作柑橘糖漿時，適合使用和三盆糖。取出金桔果肉中的籽，熬煮至適當軟度後，浸漬在事先溶解和三盆糖的砂糖水中。

09 かき氷 六花

RIKKA

南瓜刨冰

售價
800 日圓

秋冬兩季供應的南瓜刨冰，是深受女性歡迎的冰品之一。
為了活用南瓜的鮮豔色彩，去皮時要格外用心。
上桌時隨盤附上微苦的焦糖糖漿，享受不同的味道在口中互相轉換。

南瓜醬的製作方法

用湯匙挖掉南瓜籽和棉狀纖維，切成適當大小。這裡使用口感鬆軟的栗子南瓜。

將南瓜放入耐熱容器中，淋上些許水以防止乾燥。包上保鮮膜，用微波爐（500W）加熱4分30秒左右至南瓜變軟。

用刀子削皮。為了保留南瓜的鮮豔色彩，小心切掉綠皮部分。

將南瓜、牛奶、煉乳倒入食物調理機中，攪拌至南瓜呈泥狀。

將南瓜泥倒入細縫篩網中，用刮刀輕壓過篩。

過篩後的南瓜泥吃起來更細緻，和冰片的口感堪稱絕配。南瓜泥可置於冰箱冷藏室保存。

盛裝

器皿裡盛裝同高度的冰片，整體淋上牛奶糖漿，並在中間澆淋大量南瓜醬。

繼續堆疊冰片，並淋上大量牛奶糖漿。同樣繼續堆疊冰片至一座小山高，最後淋上一些牛奶糖漿。

收尾部分則以湯匙舀取南瓜醬鋪在冰片上方，最後再以南瓜籽裝飾。

材料

● 南瓜醬（容易製作的分量）

栗子南瓜…450g	
牛奶…225g	
煉乳…150g	

● 焦糖糖漿（容易製作的分量）

細砂糖…300g	
水…45ml	
熱水…250ml	

南瓜醬…適量	
牛奶糖漿…適量 （製作方法請參照P.93）	
南瓜籽（烘焙）…約10粒	
冰…適量	

焦糖糖漿

上桌時隨盤附上的焦糖糖漿也是店裡純手工製作。平底鍋裡倒入細砂糖和水，加熱至上色且有香氣後關火，倒入熱水後用木剷攪拌，放涼備用。

金桔刨冰

售價
*800*日圓

金桔刨冰使用甜度高、香氣濃郁的宮崎產金桔「玉玉」，這是2月～3月下旬才有的冰品。
除了籽和蒂頭外，充分使用金桔的每個部位，一次嚐盡金桔特有的微酸與微苦滋味。
由於進貨量不大，1天僅供應5～10份。

金桔糖漿的製作方法

材料

●金桔糖漿（容易製作的分量）

金桔…450g

細砂糖…200g

水…500g

牛奶糖漿…適量
（製作方法請參照P.93）

金桔糖漿…適量

冰…適量

① 切掉金桔的蒂頭，縱向切成一半。

② 用手指挖出棉狀纖維和籽。

③ 將處理好的金桔倒入雪平鍋裡，加入細砂糖和水。

④ 開大火加熱至沸騰後轉為小火，偶爾攪拌一下，繼續熬煮30分鐘左右。

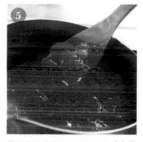

⑤ 覺得有些黏稠且容易淋在冰片上的程度就可以關火了。放涼後會更黏稠。

⑥ 稍微放涼後，倒入果汁機中攪拌，不要完全攪拌成泥狀，保留一些果肉的咬感。裝在密封盒中，置於冰箱冷藏室裡保存。

盛裝

① 器皿裡盛裝同高度的冰片，整體淋上牛奶糖漿，並在中央淋上大量金桔糖漿。

② 再次堆疊冰片，淋上大量牛奶糖漿。繼續堆疊冰片至一座小山高，最後再澆淋一些牛奶糖漿。

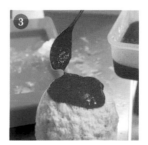

③ 用湯匙舀取大量金桔糖漿淋在頂端。

牛奶刨冰

售價
500日圓

適用於季節限定冰品的基底刨冰，只用牛奶糖漿就非常美味。

糖漿裡帶有濃郁的煉乳甜味，口中殘留的美味是這道刨冰最大的魅力所在。

重點在於要豪邁淋上大量令人回味的牛奶糖漿。

牛奶糖漿的製作方法

雪平鍋裡倒入牛奶和煉乳，這裡直接配合使用一瓶1000g的煉乳，就可以不費勁地準備糖漿。

加入細砂糖。為了控制甜度，夏季使用75g、冬季使用90g，細砂糖用量依季節而異。

加熱過程中不斷用木剷攪拌，用大火煮7、8分鐘。剛開始加熱時容易燒焦，要特別留意。

確認砂糖確實溶解後，關火放涼備用。

將牛奶糖漿倒入容易取用的調味瓶中，置於冰箱冷藏室裡保存。雖然名為「牛奶刨冰」，但淋上大量牛奶糖漿時，仍要保留清冰部分。

材料

● 牛奶糖漿（容易製作的分量）

成分無調整牛奶…1L

煉乳…1000g

細砂糖…夏季75g、冬季90g

牛奶糖漿…適量

冰…適量

刨冰機與冰塊

使用「Swan」的刨冰機。冰塊採購自神戶‧元町冰店，置於冷凍庫和保麗龍盒裡保存。以手觸摸時，表面帶有「水」感的攝氏－4～－5℃最為理想。

盛裝

器皿裡盛裝同高度的冰片，整體淋上牛奶糖漿。

往上堆疊冰片，並淋上大量牛奶糖漿。

堆疊冰片至一座小山高，稍微用手調整形狀。最後再淋上牛奶糖漿。

杏仁牛奶刨冰（附上隨季更換的糖漿）

製作牛奶糖漿的過程中加入大量杏仁霜的美味冰品。
隨著冰片的減少，杏仁豆腐的柔軟口感形成對比。
隨盤附上的各種美味糖漿會隨季節而改變，照片中為草莓糖漿。

杏仁牛奶糖漿的製作方法

雪平鍋裡倒入牛奶和煉乳。

加入細砂糖和杏仁霜。為了保留清爽感，夏季會減少細砂糖的用量，冬天則為了提高甜度而增加用量。

以大火加熱7、8分鐘，加熱過程中不斷用木劑攪拌以避免燒焦。細砂糖溶解之後關火，稍微放涼並置於冰箱冷藏室裡保存。

盛裝

器皿裡盛裝同高度的冰片，整體淋上杏仁牛奶糖漿。

繼續堆疊冰片，微整形後再淋上一些杏仁牛奶糖漿。

以大湯匙舀取大量杏仁豆腐置於頂端。

繼續堆疊冰片，並用手調整形狀，淋上大量杏仁牛奶糖漿後再以枸杞作為點綴。

材料

●杏仁牛奶糖漿（容易製作的分量）

成分無調整牛奶…1L

煉乳…1000g

細砂糖…夏季75g、冬季90g

杏仁霜…7大匙

杏仁牛奶糖漿…適量

杏仁豆腐…3、4湯匙

枸杞…3粒

冰…適量

季節性糖漿

依季節附上不同糖漿，除照片中的草莓外，還有桃子、蜂蜜檸檬、綜合莓果糖漿等。

01 adito
_{アデト}

地址：東京都世田谷區駒沢5-16-1　TEL：03-3703-0381
營業時間：12:00~24:00（L.O.23:30）　公休日／星期三（每月偶爾營業）

2012年開業於東京都駒澤住宅區。在開放感氛圍之中提供純手工料理
的美味溫馨。客群多半是在地人。後來開始供應剉冰套點。全年提供招牌
「甘酒煉乳剉冰」和季節性冰品6種品項。以電鑽冰磨食材美味的自製糖
漿。並保留剉冰原始的清涼感，讓顧客品嚐滋味夢嚇客人喜愛。

工作人員
日野彰三先生

02 Café Lumière吉祥寺
_{カフェ　　ルミエール}

地址：武蔵野市吉祥寺南町1-2-2東山ビル4F　TEL：042-248-2121
營業時間：12:00~20:00　公休日：不定期

以堅持咖啡品味的咖啡廳之名於2012年開業於咖啡激戰區的吉祥寺車站
前。開發甜點過程中誕生的「火焰剉冰」，一推出馬上成為社群網站的熱
門話題，每到夏天旺季，預約登記簿上滿是預約品嚐這道剉冰的名單，受
歡迎的程度可見一斑。店裡的剉冰活用許多製作蛋糕的技術，大量使用慕
斯和冰淇淋作為配料或裝飾，一碗剉冰內含10種以上的材料是常見之事。

店長
豊川定史先生

03 komae cafe
_{コマエ　　　カフェ}

地址：東京都狛江市中和泉1-2-1　TEL：03-5761-7138
營業時間：9:00~18:00供餐，18:00~21:00咖啡廳　公休日：星期三

開業於2015年10月。可以輕鬆帶小孩前往，所以相當受到當地人喜愛。
堅持使用安心安全的美味食材，農家直送的水果、自家菜園栽種的無農藥
有機蔬菜。用於剉冰的醬料、糖漿都使用這些新鮮食材純手工製作。全年
供應剉冰餐點，約有17種之多（冬季8種）。二子玉川和台場的分店則僅
在限定期間供應剉冰。

店長
山田 優希小姐

04 蕎麦カフェ&バル BW CAFÉ
_{ビーダブリュー　　カフェ}

地址：東京都新宿区大久保2-7-5 共栄ビル1F　TEL：03-6278-9658
營業時間：平日11:30~16:00，17:30~23:00　六日・假日12:00~22:00
公休日：星期日

以打造單身女性也能輕鬆前往的咖啡廳為目標。店家位於新大久保大馬路
繞進來的巷子裡，自2014年12月開幕至今，吸引不少女性客人捧場，現
在的客群中約8成是女性。店裡致力於開發更新的甜點，並於3年前開始
推出剉冰。其中不忘蕎麦初衷的獨特冰品更是店裡的人氣夯品。

店長
鈴木雅和先生

05 Dolchemente
_{ドルチェメンテ}

地址：埼玉県川口市領家3-13-11 ウィンベル1F　TEL：048（229）3456
營業時間：10:00~19:00　公休日：星期二

老闆甜點師的石田英寛以業務用廚房機器品牌的專屬甜點師闖出名號後，
於2011年在當地自行創業。出自甜點師之手的剉冰十分重視新鮮度，不
僅使用新鮮水果，也以非加熱方式處理醬料，所有剉冰配料皆現點現做。
從2015年開始提供夏季限定冰品，坐在店門前的長椅上吃冰，儼然成為
夏季特有的風物詩。

老闆甜點師
石田 英寛先生

06 吾妻茶寮
あ づま さ りょう

老闆
曾田 隼先生

地址：愛知縣名古屋市中區大須3-22-33　TEL：052（261）0016
營業時間：夏季11：00〜19：00（六日假日〜19：30）、冬季11：00〜18：30（六日假日〜19：00）※L.O.關店前30分鐘　公休日：星期二（遇假日、夏季營業）

源自明治45年（1912年）創業的和菓子店『吾妻堂』。店裡販售堅守傳統製作手法且融合現代文化的創意和菓子甜點。店裡的刨冰活用和菓子素材，並率先以慕斯泡沫作為點綴，一推出後搶眼的視覺效果立即成為社群網站的熱門話題。而使用大量老闆每天早上到市場採買的新鮮水果，也是刨冰大受歡迎的原因之一。

07 あんどりゅ。

老闆
澤幡昇志先生

〔あんどりゅ本店〕地址：愛知縣名古屋市中區大須3-30-25 合点承知ビル地下1樓
〔BAR2世古withあんどりゅ〕地址：愛知縣名古屋市中區大須2-27-34大須マルシェ1F
〔共用〕TEL：090-4216-0069　營業時間：11：00〜20：00
公休日：星期二（最新營業時間、公休日請至各店twitter查詢）

本店只賣刨冰，若想要同時用餐、飲酒、享受釣魚之樂，可以前往2號店。號稱「30秒內最美味的」刨冰，使用的是讓冰片飽含空氣的高超切削技術與盛盤方式。店裡不僅開發使用當季食材製作的糖漿，還以非常親民的含稅價800日圓供應所有冰品。

08 kotikaze
こちかぜ

店長
近藤郁小姐

地址：大阪府大阪市天王寺區空清町2-22　TEL：06（6766）6505
營業時間：9：00〜18：00（L.O.17：30）　公休日：不定期

近藤郁小姐曾在大阪高級日本料理餐廳學做料理及和菓子，於2005年開創了這家日式咖啡廳。從當季生菓子、餐點松花堂便當到刨冰素材，每一樣都是「親手」烹調製作。在關西開始幾行刨冰之前，店裡的菜單中早有刨冰這種品項。由於顧客回流率高，為了讓顧客永遠有嘗鮮機會，店裡的刨冰種類思來愈多，最盛時期多達將近百種。每年4月〜10月時供應刨冰⋯

09 かき氷 六花
りっか

工作人員
奧野友美子小姐

地址：兵庫縣神戶市長田區駒ヶ林町1-17-20　TEL：070-5340-7098
營業時間：12：00〜18：00　公休日：星期二、星期三

以當局解決在神戶・新長田的六間道商店街空店鋪的問題為契機，「六花」於2015年正式開幕。自家純手工製作的糖漿隨季節而改變，能享用當季美味這一點也是吸引客人上門的主要原因。多數冰品都以牛奶糖漿為基底，冰品種類多達15〜20種。所有冰品皆由店長一人包辦，因此部分水果系列的刨冰只能限量供應，但原則上一定吃得到「牛奶刨冰」等招牌冰品。

超人氣刨冰夯店的愛用刨冰機！

用「BASYS」切削出宛如蛋糕般綿密的冰淇淋冰片

不同刨冰機會製造出不同外觀與口感的刨冰。1天賣出400碗的超人氣刨冰夯店『Sebastian（セバスチャン）』（東京澀谷區）是使用什麼樣的刨冰機呢？現在就帶大家來一探究竟。

協助取材店家

セバスチャン
Sebastian
☎ 03-5738-5740
地址：東京都渋谷区神山町7-15ホワイトハイム
大嵩102／營業時間：平日13：30～17：00、六日節日11：00～17：00

宛如蛋糕的刨冰，讓不少客人感到驚為天人。嘴裡充滿軟綿綿的蓬鬆感，而為了避免冰片崩塌，塗抹鮮奶油時需要專業級的技術。

　　位於東京澀谷區的『Sebastian（セバスチャン）』是一間夏季單日可以賣出400碗刨冰的超人氣冰店。將刨冰打造成蛋糕外型的正是店長本人－川又浩先生。「刨冰成形抹上奶油時，只要冰片夠緊密紮實，自然不會崩塌，但這樣反而容易使口感變差。因此要保留刨冰的鬆軟感，必須在醬料、鮮奶油、盛盤、裝飾上多花點心思。」（川又浩）。

　　打造出湯匙一插入冰片中的瞬間就有鬆軟質感的是CHUBU CORPORATION股份有限公司生產的『BASYS HB-600A』刨冰機。側面和背面皆為中空設計，單用2根圓桿子支架支撐主體。這樣的設計不僅方便盛裝冰片，還能全方位看見切削冰片時的模樣，有種現場直播的感覺。

　　「若要將冰片堆疊成小山形狀，一開始冰片要切削得厚一些，愈上方的冰片愈細，並且視情況隨時調整冰片厚度。『BASYS HB-600A』刨冰機的冰刀調整旋鈕位於側面，使整體作業更加順暢。」川又先生對這台刨冰機真的是讚譽有加。

草莓白巧克力鮮奶油蛋糕刨冰　1,200日圓

 >  >  >

FINISH!

用蛋糕模型盛裝冰片，淋上2種醬料。這樣的步驟重複3次，輕敲模型底部讓空氣排空。

刮除表面多餘的冰片。為了避免冰片於倒扣時崩塌，用抹刀快速抹平表面。

在表面塗抹鮮奶油，以糖粉、莓果裝飾。

刨冰、帶有酸味的草莓糖漿、白巧克力甘納許醬，滿滿的3層美味。為了保留冰片的鬆軟綿密感，鮮奶油的乳脂肪含量都得精心計算。

- -

草莓烤布蕾刨冰　1,200日圓

 >

POINT

>

FINISH!

用耐熱陶器皿盛裝刨冰，淋上2種醬料。這樣的步驟重複3次後，刮掉表面多餘的冰片。

淋上卡士達醬、蛋白霜和黍砂糖，再用瓦斯噴槍快速烤成焦糖。

蛋白霜能使冰片不易融化，保持鬆軟狀態。

結合刨冰與法式傳統甜點。刨冰、卡士達醬、草莓果粒果醬，一次享受多層美味。鋪上蛋白霜和黍砂糖，再用瓦斯噴槍烤成焦糖。

好用的刨冰機！

冰磚專用刨冰機
初雪・HB-600A

BASYS
（ベイシス／ロングレー）

深受好評的業務用刨冰機「初雪」的最新機型。透明蓋子好安裝好拆卸，而且圓桿子支架腳長達28.5cm，有足夠空間可以盛裝滿滿一大碗刨冰。除此之外，初雪機型使用最大尺寸的大型圓盤，使用上更加方便。

CHECK

2根圓桿子支架腳夠長，能從四面八方看到盛裝冰片的模樣，具有十足演出效果。

USER'S VOICE

店長

川又　浩先生

無須在意器皿大小、冰片高度，輕鬆做出心中理想的刨冰！

長支架腳的刨冰機最適合用來製作堆疊得像座小山的刨冰。由於側面沒有支架腳，方便旋轉器皿以盛裝更多冰片，讓作業更順手且快速。刨冰機的刀片十分了得，能打造出我心中理想的鬆軟口感。

洽詢→CHUBU CORPORATION股份有限公司　HP：https://www.chubu-net.co.jp/food　E-Mail:food@ chubu-net.co.jp

使用冰磚刨冰機『BASYS』
開發鬆軟口感日式刨冰的關鍵

專訪本書監修「刨冰糖漿」企劃的根岸 清先生，
請他談談如何使用冰磚刨冰機『初雪・HB600A BASYS』製作現在蔚為主流的
「鬆軟刨冰」，以及開發新菜單的關鍵點。

根岸 清先生

根岸先生過去只用過小冰塊刨冰機，冰片顆粒雖然粗卻具有十足清涼感。這次特別請根岸先生使用CHUBU CORPORATION股份有限公司生產的『BASYS電動冰塊切片機』，實際感受不同於小冰塊刨冰機切削出來的冰片質感。體驗過後，根岸先生有感而發地說「真的感受得到刨冰機的進化」。

根岸先生表示「只要按下開關，輕輕鬆鬆切削出現今最受歡迎的鬆軟口感刨冰。而業務用機器最講究的是衛生，這台刨冰機的側拉式保護蓋設計，不僅有效阻擋外界汙染源，還能輕鬆將保護蓋拆下來清洗。雖然沒有花俏的設計，但好清理這一點，讓人用來格外安心。」方便性得到根岸先生的認證後，另外也請根岸先生針對鬆軟口感刨冰的開發給予建議。

小冰塊刨冰機只能切削出較粗的冰片，但『BASYS』刨冰機可藉由調整「刀片旋鈕」自由切削「粗」「細」不一的冰片。利用這個特性，夏季將冰片切削得粗一些，保留冰片入喉的暢快感。而冬季則切削得綿密些，澆淋一些老少咸宜的香濃牛奶糖漿。配合季節轉換，開發一些能用味蕾感受季節的新菜單。

另一方面，比起粗冰片，鬆軟刨冰具有更多降價空間。「冰片愈粗，整碗冰片的重量愈重，這代表糖漿使用量必須跟著增加。相反的，軟綿綿的鬆軟刨冰比較輕，不需要使用太多糖漿。再加上有技巧地以低成本選購優良食材，就有機會壓低售價並提高商品價值。」

基於這個出發點，根岸先生提出如照片所示的2種新品項刨冰。其中『杏仁刨冰』充滿濃濃的中華風味，透過杏仁霜製作的糖漿來呈現杏仁豆腐的味道。而『酒粕刨冰』則是活用酒粕的日式風味刨冰。這2種冰品都使用充滿奶香且適合鬆軟冰片的糖漿，成本低於新鮮水果，因此具有降低售價的空間。

「使用業務用刨冰機，端出能夠呈現店家特色的刨冰，我想這肯定是打造不同於其他店家且充滿創意魅力冰品的關鍵。另外，刨冰有助於使味蕾歸零，或許刨冰專賣店或咖啡廳以外的中華料理餐廳、日式餐廳可以考慮將刨冰列入菜單中。」

杏仁刨冰

將使用牛奶、細砂糖、脫脂牛奶、杏仁霜製作的糖漿淋在冰片中與冰片上，再以枸杞和鳳梨作為裝飾。既能享受杏仁豆腐般的美味，唇齒間還留有冰涼清爽的舒暢感。一次切削好幾人份的冰片，再分裝成數盤，非常適合作為中式料理的餐後甜點。

酒粕刨冰

在雪花般綿密的冰片上澆淋酒粕製作的濃郁糖漿，並以黑豆、金箔、生薑求肥作為裝飾。據說奢華的酒粕香氣相當受到外國人喜愛。使用有名酒廠的酒粕有助於提升附加價值，而使用當地酒廠的酒粕則可以提高地區知名度。

輕盈鬆軟口感的刨冰非常適合搭配充滿牛奶香的糖漿。色香味俱全的刨冰，冬天吃也十分美味。

根岸先生表示「能清楚看到切削冰片時的模樣，盛裝冰片時非常方便。任何人都能切削出鬆軟冰片，即便是專門店以外的業者購置一台也能輕鬆使用。」

二條若狭屋　MAMATOKO　珈茶話
おいしい氷屋　ほうせき箱　yelo
べつばら　氷屋ぴぃす　かんな

CHAPTER
4

排隊夯店的百變日式刨冰

VARIATIONS

※各店家的Shop Data請詳見P.158

10 *Variation*

Cafe&Diningbar
珈茶話 kashiwa
CAFE&DININGBAR KASHIWA

令人為之心醉的軟綿綿刨冰與新鮮糖漿！
以日光的天然冰等當地食材製作刨冰

　　位於日光市的『珈茶話』，店裡的刨冰主要使用當地盛產的食材。身為珈茶話第二代老闆的柏木純一先生，以提高自己的出生地日光這個地區品牌為目標，致力於透過咖啡廳的工作振興地方產業。約10年前開始供應刨冰，也是為了傳承當地的製冰文化。柏木先生在冬季會親自前往天然冰製冰廠參與採冰作業。柏木先生說「親手參與製冰才能直接將天然冰的價值與美味傳達給每一位來店裡的客人。」店裡使用『第四代 德次郎』的天然冰，冰塊本身帶有淡淡甜味，再經由獨特結凍變硬技術，讓切削後的冰片既薄又柔軟。

　　至於製作刨冰過程中絕對欠缺不了的純手工糖漿，則大量使用草莓、蘋果、李子、藍莓等栃木的農產品。雖然直接從農家進貨的農作物難免有大小不一或過熟的情況，但絕大部分都適合拿來製作糖漿，能夠毫不浪費地有效運用。

　　店裡的刨冰種類非常豐富，像是使用當季水果的期間限定冰品、使用番茄或濃縮咖啡的特調冰品等等。白天和夜晚供應的刨冰稍有不同，每個時段各有大約10種品項，目前積極研擬可於夜間酒吧時段供應的新口味雞尾酒刨冰。「刨冰最大魅力在於所有世代的人都能共同分享。期望自己有能力打造出充滿日光氣息且又能夠成為大家旅遊中美好回憶的刨冰。」柏木先生立志於創作一次享盡「口感‧視覺‧好滋味」的刨冰。

使用雞尾酒專用調酒杵，粗略搗碎草莓以保留口感。品嚐唯有現做才有的新鮮感。

售價
1500日圓

Variation 1

新鮮草莓牛奶刨冰

12月至隔年5月供應的期間限定冰品，使用只有這個季節才有的栃木縣名產新鮮「栃乙女」草莓。直接採購自日光市的池田農園，於客人點餐後才開始製作。每份刨冰使用約100g的草莓，稍微搗碎後加入自製煉乳，調製成獨門草莓煉乳糖漿。自製煉乳使用的食材是對身體較為溫和的甜菜糖與牛奶，經小火慢慢熬煮而成。為了讓客人享用冰片

與糖漿各自的美味，原則上店裡會以隨盤附上一碟糖漿的方式上桌。而在草莓盛產季節裡，另外供應將兩者結合在一起的「栃乙女醬」刨冰（售價1000日圓），這是唯有草莓季才品嚐得到的美味刨冰，每年都吸引不少常客上門捧場。

冰片與冰片間淋上濃縮咖啡，有助於避免味道因冰片的稀釋而變淡。調節冰刀旋鈕切削出長條狀薄冰片，打造綿密細緻口感。

售價
1500 日圓

Variation 2

咖啡刨冰（和三盆糖）

活用店裡引進的濃縮咖啡機，打造與眾不同的刨冰。店裡使用的是栃木縣一家自家烘焙咖啡店的深烘焙咖啡豆，通常會於客人點餐後才開始萃取濃縮咖啡，並利用冰塊急速降溫後作為刨冰醬料使用。其他種類的刨冰多以隨盤附上一碟糖漿或醬料的方式供應，唯有咖啡刨冰，為了讓客人充分品嚐濃醇咖啡香，會先於器皿底部和冰片層之間淋上濃縮咖啡。濃縮咖啡完全不帶甜味，因此會另外附上店裡自製的和三盆糖糖漿或煉乳（二選一）。剛煮好的咖啡所散發的香氣與濃醇，以及和三盆糖的高級甜味是吸引顧客再三上門的獨家賣點。追求高級感的高單價「新鮮草莓刨冰」和「咖啡刨冰」都是店裡相當受到歡迎的夯品。

只用熟番茄和甜菜糖製作，呈現完美朱紅的「番茄糖漿」。自然甘甜味襯托出天然冰原有的清甜美味。

售價
700 日圓

Variation 3

番茄刨冰

使用富含茄紅素的番茄所製作的充滿健康魅力的刨冰。主要使用日光的熟番茄，整顆番茄連皮一起使用，並搭配具有身體保溫效果的甜菜糖一起熬煮成糖漿。主要使用桃太郎品種的番茄，這種番茄品質相當好，不帶酸味，但偶爾也會隨季節更換，不同品種的番茄含水量和含糖量都不一樣，糖漿味道會因此受到影響。但「農作物本身的味道轉變也是一種醍醐味」，老闆總是帶著尊重的心製作出充滿各個時期好滋味的糖漿。活用食材的單純美味調製出溫和的甘甜，一旦上癮就再也戒不掉。於每日的11點～17點之間供應。

使用香氣迷人的「Courvoisier VSOP Rouge」。將酒精濃度控制在10％左右，加入自製煉乳調和在一起。

售價
*1200*日圓

Variation 4

亞歷山大雞尾酒刨冰

店內設有酒吧吧檯，約從1年前開始供應專屬於成年人的4種雞尾酒刨冰。將自製煉乳和白蘭地結合在一起製成糖漿，盛盤時也刻意將刨冰裝在雞尾酒杯中。

糖漿淋在冰片上成為雞尾酒刨冰，冰片融化後則成為一杯普通的雞尾酒，一道冰品有2種不同的享用方式。女性通常是基於吃甜點的想法點這道冰品，或者聚會的第二、第三次續攤時來店裡享用這道刨冰。另外還有咖啡香甜酒＋煉乳的「卡魯哇咖啡酒刨冰」、薄荷香甜酒＋煉乳的「綠色炸猛刨冰」，以及貝禮詩香甜奶酒＋煉乳的「貝禮詩刨冰」。雞尾酒刨冰於每日17點～22點供應。

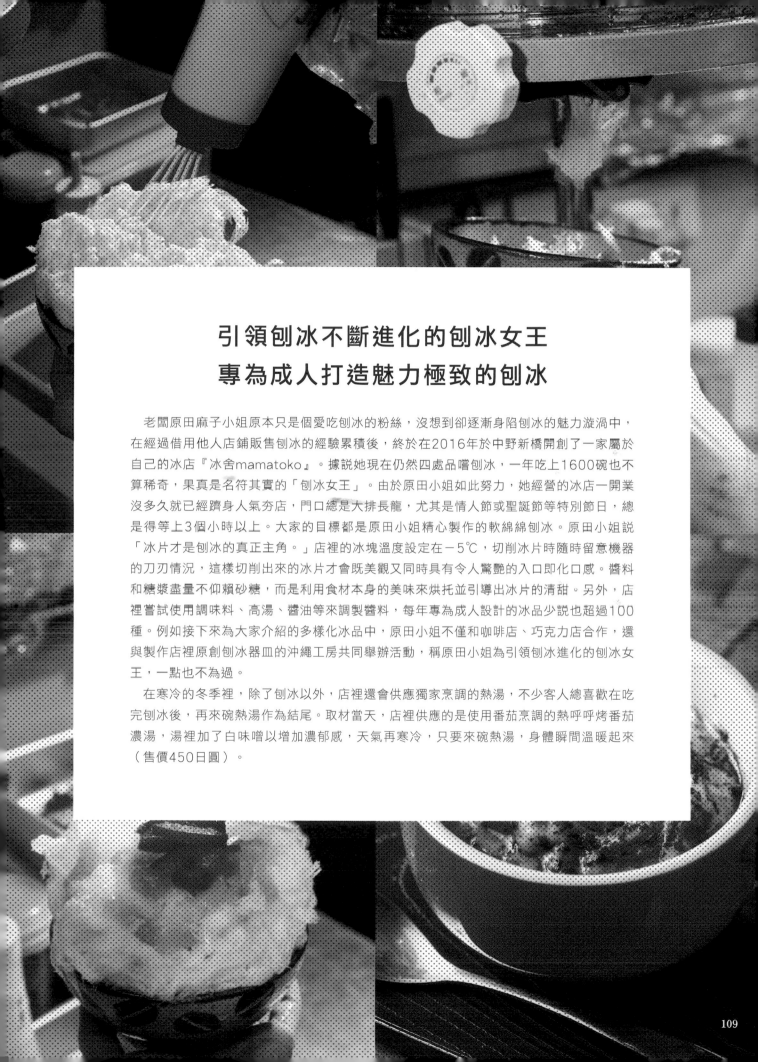

引領刨冰不斷進化的刨冰女王
專為成人打造魅力極致的刨冰

老闆原田麻子小姐原本只是個愛吃刨冰的粉絲，沒想到卻逐漸身陷刨冰的魅力漩渦中，在經過借用他人店鋪販售刨冰的經驗累積後，終於在2016年於中野新橋開創了一家屬於自己的冰店『冰舍mamatoko』。據說她現在仍然四處品嚐刨冰，一年吃上1600碗也不算稀奇，果真是名符其實的「刨冰女王」。由於原田小姐如此努力，她經營的冰店一開業沒多久就已經躋身人氣夯店，門口總是大排長龍，尤其是情人節或聖誕節等特別節日，總是得等上3個小時以上。大家的目標都是原田小姐精心製作的軟綿綿刨冰。原田小姐說「冰片才是刨冰的真正主角。」店裡的冰塊溫度設定在－5℃，切削冰片時隨時留意機器的刀刃情況，這樣切削出來的冰片才會既美觀又同時具有令人驚艷的入口即化口感。醬料和糖漿盡量不仰賴砂糖，而是利用食材本身的美味來烘托並引導出冰片的清甜。另外，店裡嘗試使用調味料、高湯、醬油等來調製醬料，每年專為成人設計的冰品少說也超過100種。例如接下來為大家介紹的多樣化冰品中，原田小姐不僅和咖啡店、巧克力店合作，還與製作店裡原創刨冰器皿的沖繩工房共同舉辦活動，稱原田小姐為引領刨冰進化的刨冰女王，一點也不為過。

在寒冷的冬季裡，除了刨冰以外，店裡還會供應獨家烹調的熱湯，不少客人總喜歡在吃完刨冰後，再來碗熱湯作為結尾。取材當天，店裡供應的是使用番茄烹調的熱呼呼烤番茄濃湯，湯裡加了白味噌以增加濃郁感，天氣再寒冷，只要來碗熱湯，身體瞬間溫暖起來（售價450日圓）。

冰片、生起司、冰片、文旦醬、柚子皮、冰片、文旦醬、冰片、柚子皮，宛如千層派般將冰片和醬料堆疊在一起。

售價
1000 日圓

Variation 1

文旦＋柚子皮＋生起司刨冰

文旦連皮熬煮成醬料，第一口可能覺得甜度不高，但酸味、苦味、甜味之間取得絕妙的平衡，愈吃愈能帶出食材最原始的味道。另外，文旦的熬煮時間控制在最短，因此當文旦和冰片同時在口中時，依然感覺得到十分鮮明的文旦風味。店裡使用的柚子皮來自鹿兒島縣以製作糖果聞名的「Botan Rice Candy」公司，長時間浸漬在香甜酒中的柚子皮，格外充滿香氣與獨特風味。以無農藥栽種的柚子來製作柚子皮，更增添獨特口感。而生起司則是以奶油起司為基底，加入牛奶、鮮奶油、煉乳、砂糖、檸檬等製作而成。

黑巧克力醬搭配牛奶以外的2種糖漿混拌在一起，口中雖留有鮮明的苦味，但口感非常溫潤。外觀看起來極為清爽，與冰片融合在一起也顯得十分和諧，不會有各自為政的感覺。

Variation 2

濃縮咖啡與黑巧克力雙醬＋毛豆奶油刨冰

使用東京池袋『Coffee valley』的咖啡豆和東京三軒茶屋『CRAFT CHOKOLATE WORKS』熟可可粒調製而成的綜合刨冰。濃縮咖啡的獨特苦味加上85％可可豆製作的黑巧克力糖漿，而負責中和這2種苦味的是毛豆泥。使用完全不留顆粒感的毛豆泥，加上牛奶、煉乳、鮮奶油調製成毛豆奶油。雙醬和毛豆奶油全部混合在一起後，比起苦味，毛豆奶油溫潤的味道更能在口中留下無窮餘味。器皿中依序盛裝冰片、濃縮咖啡醬、巧克力醬、冰片、毛豆奶油、冰片、濃縮咖啡醬、巧克力醬、毛豆奶油，不吝嗇地淋上大量醬料，最後再以一層軟綿綿的鬆軟冰片劃下句點。

在冰片層中和酒粕奶油上擺放大量剛切好的新鮮水嫩草莓，享用鬆軟冰片的同時，也能豐富口中的多樣化咬感。

Variation 3

新鮮草莓與酒粕奶油刨冰

店裡最受歡迎的酒粕刨冰搭配當季的新鮮草莓。店裡使用的酒粕是福岡山口酒造場製作日本酒「庭のうぐいす」的殘渣，有時也會視情況改變。酒粕奶油完全沒有經過加熱處理，僅將酒粕、鮮奶油、牛奶、楓糖漿、砂糖充分混拌在一起。淡淡奶香中充滿鮮明的酒粕風味。取材當天，店裡使用的是略帶酸味的「栃乙女」草莓。將草莓和2種糖稍微加熱一下所製成的醬料，充滿了濃郁的草莓香氣。店裡本著讓客人品嚐當季最鮮美食材的初衷，所以這款刨冰只在草莓季的冬季～初春時供應。

刨冰與熱巧克力的絕妙組合，冰片逐漸融化的精彩景象在社群網站上曾經引起熱烈討論。

向來與冰格格不入的巧克力，這次終於能夠水乳交融地結合在一起。宛如一窺珠寶盒般，令人難掩興奮之情。

售價
1600 日圓

Variation 4

情人節巧克力球刨冰

這是2019年情人節限定款刨冰的其中一樣。這款刨冰最大的特色在於器皿中堆疊成球體的刨冰，另外也因為使用平底盤，刨冰與盤底的接觸面積變得非常小。圓滾滾的刨冰裡有覆盆子糖漿，外面則淋上杏仁堅果糖奶油，最後再覆蓋大量可可粉。巧克力球使用可可含量56％的巧克力製作

而成，內有拌了草莓醬的覆盆子（新鮮・乾燥）果肉，和添加八種辛香料的果乾、堅果用蘭姆酒或蜂蜜醃漬長達半年做成自製百果餡。最後再淋上熱巧克力，這款刨冰儼然是一個藝術品。

12 *Variation*

KAKIGORI CAFE&BAR yelo
かき氷カフェバー イエロ

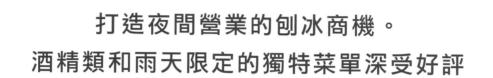

打造夜間營業的刨冰商機。
酒精類和雨天限定的獨特菜單深受好評

　　位於東京六本木的『KAKIGORI CAFE＆BAR yelo』成立於2014年，是一家夜半也能輕鬆享用刨冰的咖啡廳兼酒吧。店裡的目標是供應具有滿足感且又講究極致的甜點，因此店裡最具代表性的冰品就是在輕量又健康的刨冰上澆淋yelo每天早上特製的牛奶醬。全年無休且從早到夜半都能享用刨冰的經營模式讓yelo打從開幕就引發熱議，不少人會選在下班回家前或餐後聚會時來這裡吃碗刨冰。夜間時段供應含有酒精的餐點，刨冰上不僅有蘭姆酒醃漬的葡萄乾，還會刻意使用雞尾酒杯盛裝淋上蘭姆酒的「蘭姆葡萄乾刨冰」，另外還有使用優格香甜酒、牛奶巧克力香甜酒等製作的刨冰，真可謂是專屬於成年人的刨冰。

　　刨冰的主角冰塊使用純水製作而成，從冷凍庫取出後，稍微有些融化即可切削出軟綿綿口感的冰片。店裡的刨冰通常有3層，每一層都有醬料搭配糖漿。刨冰口感柔軟且入口即化，而製作糖漿的食材以草莓等水果為主，另外還有有機紅蘿蔔或南瓜等蔬菜，這些多樣化的糖漿再搭配yelo的特製牛奶醬，兩相襯托下讓刨冰的質感更加升級。其中蔬菜類刨冰最受到女性喜愛。通常店裡備有4～7種招牌冰品、3～4種季節限定冰品、9種夜間限定冰品（含酒精成分），以及1種雨天限定冰品，多支付100日圓還有7種配料可供選擇。可以依個人喜好添加馬斯卡彭起司發泡鮮奶油、紅豆餡、燕麥片等配料。

欣賞淋上萊姆糖漿時的色彩變化。具有十足的演出效果。

售價
950日圓

Variation 1

繡球花刨冰

以刨冰來表現點綴梅雨季節的繡球花，這是雨季限定冰品。自2018年起不再只是雨季限定品項，而是只要下雨就吃得到，因此每到下雨天，就會有熟門熟路的常客上門詢問。在刨冰上澆淋蜂蜜與香料植物做成的淡紫色糖漿，以及牛奶醬與香料植物做成的藍色糖漿，最後在刨冰頂端擺放使用香料植物精製作而成的淡藍色．紫色果凍。表演方面當然也要悉心研究，送上餐點時，服務人員在餐桌旁將萊姆糖漿淋在刨冰上，萊姆汁中的檸檬酸使糖漿因化學反應變成紅紫色。運用化學反應的效果，不僅讓客人享受刨冰美味，精彩演出過程也成了他們最美好的回憶。

冰片堆疊成型後，淋上大量馬斯卡彭起司發泡鮮奶油。

用濾茶器過篩可可粉在馬斯卡彭起司發泡鮮奶油上面。

售價
1000日圓

Variation 2

豪華提拉米蘇刨冰

一小口就感覺得到「提拉米蘇」的好滋味，刨冰裡有yelo特製牛奶醬和馬斯卡彭起司醬，刨冰表面則有可可粉。店裡每天早上特製的yelo牛奶醬非常重視食材間的風味平衡，因此口感和香氣都具有一定程度的濃郁感。以馬斯卡彭起司為基底所調製的馬斯卡彭起司醬吃起來順口又圓潤。在刨冰頂端淋上大量用發泡鮮奶油和馬斯卡彭起司調製而成的馬斯卡彭起司發泡鮮奶油，最後再撒上可口的可可粉。自從店裡的招牌冰品「提拉米蘇」升級後，瞬間成了最夯且最足以代表yelo的明星刨冰。

雞尾酒杯裡堆疊輕壓成圓形的冰片，整體淋上牛奶醬，並於兩側澆淋抹茶醬後，繼續往上堆疊冰片。

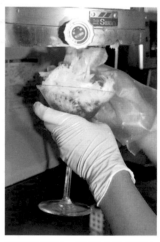

雞尾酒杯容量小，堆疊冰片時不要壓太緊以避免冰片因過度紮實而變硬。

售價
1200 日圓

Variation 3

抹茶榛果刨冰

使用京都利招園茶舖的高級抹茶來製作糖漿，甘甜中帶有濃郁的苦味。充滿堅果香氣的榛果香甜酒、苦澀的抹茶、香甜的牛奶醬在口中和冰片融合在一起，豐富滋味瞬間爆發。將冰片盛裝在雞尾酒杯中，整體淋上牛奶醬，再將抹茶糖漿澆淋在左右兩側，美麗的條紋圖案讓刨冰更顯貴氣。晚間限定的酒精類刨冰於2018年冬季起新增3種品項，目前共有9種冰品供客人挑選。另外還有充滿水果風味的糖漿搭配香甜酒的刨冰，正因為是酒吧，才能有如此變化多端的冰品。

塑造成圓頂山形後，右半邊淋上以yeloe
特製牛奶醬為基底的香草糖漿，左半邊
淋上玫瑰糖漿。

售價
950日圓

Variation 4

粉彩球刨冰

乳白色的yelo特製牛奶醬搭配以牛奶醬為基底調製的淡粉紅色玫瑰糖漿，一款可愛又夢幻的刨冰。刨冰表面撒上五顏六色的香川傳統和菓子「Oiri」。將雪霰狀的Oiri含在嘴裡時，瞬間與冰片、yelo特製牛奶醬、玫瑰糖漿融合在一起，甜味和淡淡玫瑰香隨之在嘴裡散開。粉彩色系的可愛模樣讓粉彩球刨冰在社群網站上瞬間引發熱烈討論，而店裡的蔬菜類刨冰同樣深受女性歡迎。另一方面，店裡十分講究刨冰用湯匙，基於容易舀取和容易放入嘴裡這兩個條件來進行嚴格篩選，當然也備有大湯匙供有需要的人使用。

Variation

13 和 Kitchen かんな
WA KITCHEN KANNA

甘甜溫潤的自製糖漿與
重視獨特個性的可愛外觀

　　2013年開幕的『和Kitchenかんな』位於東京三軒茶屋，是一家天天大排長龍的超夯日式餐廳。餐廳引進日本文化之一的刨冰且全年供應，這在媒體和社群網站上引起相當熱烈的討論，因此吸引不少客人上門光顧。

　　刨冰美味與否的關鍵醬料全出自店家之手，堅持使用當季食材，還搭配酒粕、黑芝麻、牛蒡茶等日式餐廳特有的食材，以及馬斯卡彭起司和巧克力醬等西方食材。為了兼顧營養價值、甜度、清爽口感，店裡員工時常一起集思廣益，一而再再而三不斷嘗試，才終於有了現在的成果。大家共同想出上百種菜單，兼具水果與食材間的配色與整體外觀，以及刺激客人視覺與味蕾的好滋味。

　　菜單中的刨冰使用純水製成的冰塊，但額外支付250日圓的話，可以升級成天然冰。店裡使用的是日光「松月冰室」的天然冰，鬆軟且入口即化的口感讓刨冰美味更上一層樓。

　　目前店裡有10種招牌刨冰和7種限定刨冰，每個月都會更換新菜單。其中限定版刨冰「KKS*」使用多達7種醬料，這些醬料由日式、西方食材、當季蔬果濃縮製作而成，具獨創性與豐富的變化性。

＊KKS取自「今日の気まぐれシロップ」的縮寫，意為今日的善變醬料。

依醬料濃度使用不同洞孔形狀的瓶蓋，事先準備好不同粗細洞孔的調味瓶來盛裝醬料。

店裡使用純水製成的冰塊。這台刨冰機能切削出鬆軟的冰片，以轉動器皿的方式來盛裝冰片。

售價
800日圓

Variation 1

濃郁的芋頭牛奶刨冰

鮮豔的紫色讓人留下深刻印象。刨冰淋醬使用沖繩縣生產的紫芋製作而成，紫芋煮熟後與牛奶混拌在一起，而基於營養考量，這裡使用甜菜糖來增加甜味。先在器皿中盛裝像座小山高的冰片，淋上線狀牛奶糖漿後，再以粗洞孔瓶蓋的瓶子填裝紫芋醬並淋在最頂端。盛裝冰片時盡量堆疊得高一些，並用手小心調整成高塔狀。從冰片頂端澆淋紫芋醬，但不要完全包覆冰片，這樣才能突顯紫芋醬的濃郁與濃稠。最後撒上金色芝麻作為點綴。用樸素一點的玻璃製器皿盛裝更能突顯紫色醬料與白色冰片的強烈對比。

用粗洞孔瓶蓋的調味瓶填裝草莓醬，從頂端澆淋出鮮明的條紋圖案。

售價
*950*日圓

Variation 2

BC刨冰

一次享用馬斯卡彭起司、草莓和優格3種美味。器皿裡盛裝滿滿的冰片，依序淋上店裡自製的草莓醬與優格糖漿後再繼續往上堆疊冰片。店裡裝盤時會將冰片和醬料依序往上堆疊，這是為了讓客人無論從哪個角度開始享用都能吃到美味的糖漿與醬料。另外，為了兼具視覺與美味，整體淋上微甜的牛奶糖漿後，再以線條狀淋上草莓醬，最後從頂端澆淋馬斯卡彭起司發泡鮮奶油，並以色彩鮮豔的切片冷凍草莓作為裝飾。

先在器皿底部鋪一層美味的巧克力醬和可可粉。

使用5孔調味瓶填裝醬料，澆淋在整個刨冰上。

售價
1000日圓

Variation 3

rosa刨冰

以覆盆子優格牛奶製成的玫瑰醬為主，再以草莓生起司、馬斯卡彭起司奶油淋在頂端作為配料，最後用切片新鮮草莓擺出一朵花，再撒上乾燥草莓塊。器皿底部先鋪一層巧克力醬、可可粉和牛奶醬後再開始堆疊冰片。鋪上草莓和馬斯卡彭起司製成的草莓生起司、牛奶醬後再繼續往上堆疊冰片，變成一座小山後，整體淋上玫瑰醬。當微酸微甜的玫瑰醬遇上草莓生起司口味的刨冰和巧克力醬，三種迥然不同的風味瞬間在口中合為一體。

為了讓冰片不易融化，切削時稍微調整一下冰片厚度。底層冰片厚一點，中間普通，頂端的冰片則可以切削得細薄些。

在圓盤形器皿邊緣淋上醬料作為裝飾，可愛模樣讓人不禁發出會心一笑。

售價
950 日圓

Variation 4

焦糖莓果刨冰

器皿底部鋪上店裡自製的草莓醬、巧克力醬和牛奶醬，並於撒上焦糖粉後開始堆疊冰片，然後再淋上焦糖醬和牛奶醬。稍微用手將冰片塑型成一座小山，接著淋上大量焦糖醬。活用圓盤器皿的邊緣，帶點玩心地抹上自製草莓醬。充滿焦糖味的刨冰再加上草莓醬，瞬間豐富了口中的好滋味。焦糖醬使用焦糖粉和煉乳製作而成，為了保留刨冰的脆口感，焦糖醬盡量澆淋在冰片縫隙中。最後再以藍莓和細葉香芹作為點綴以襯托焦糖色的刨冰。

果凍披覆的水果與充滿
原創風味的誘人刨冰

　　每隔1週～10天推出新作品，每天的刨冰菜單也都充滿變化，這是老闆兼菜單開發者小林惠理小姐所經營的「KOORIYA PEACE」刨冰店。據說從2015年7月開幕以來，菜單種類已經超過400種。

　　使用當季食材自不在話下，店裡還會以歲時、花卉為主題，精心製作充滿季節感的刨冰，相較於過往只以水果作為淋醬或配料的刨冰，又有了更深一層的進化。活用嚴選高級水果，以果凍披覆整個食材，鮮豔色彩更顯強烈的存在感。其中「草莓田生起司刨冰」、「繡球花莓果刨冰」、「紫花地丁生起司刨冰」等並非徒具可愛外表，高級新鮮水果的果肉和果汁做成的果泥還會隨著每一口冰片不斷散發在唇齒間。口中有冰片和果凍兩種截然不同的口感和不同的味道變化，吃完還能享受殘留唇齒間的餘味。

　　店裡使用的湯匙是特地向金屬工藝家中村友美小姐訂製的。既能穩穩地舀取冰片，還能自由增減送進口中的冰片量，完全為刨冰量身打造的湯匙。雖然只是一隻小湯匙，卻隱含了店家對客人的用心。店長淺野先生和店員的細心、用心與和善深受眾人好評，因此店家粉絲閒暇之餘還會熱心幫忙在社群網站上更新店家每天的最新消息。

用於刨冰中的果凍含水量較高，口感相
對濃稠、柔軟。將新鮮草莓切成適當大
小以充分活用草莓的口感。

售價
1400日圓

Variation 1

草莓田生起司刨冰（4平方）

受到熱愛的季節限定冰品，使用的是體型較小的草莓。小
草莓並列在一起，再用果凍加以固定。刨冰所使用的糖漿
為了平衡酸味與甜味，使用好幾種草莓和砂糖，而且製作
過程中完全沒有加熱處理。器皿裡先盛裝冰片，淋上店裡
自製的特製牛奶醬、草莓糖漿、新鮮草莓和草莓泥後，再
繼續往上堆疊冰片，再次淋上特製牛奶醬和草莓糖漿，最
後以冰片覆蓋後淋上大量生起司糖漿，擺放果凍披覆的草
莓。照片中為別名4平方（4×4）的尺寸，另外有5平方
（5×5）的大小可供選擇。

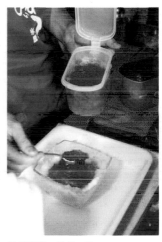

只用糖漿、果膠、Pretty woman
MEGUMI葡萄柚製作而成的豪華刨冰。

售價
1600日圓

Variation 2

葡萄柚生起司刨冰

使用苦味較淡的高級葡萄柚「Pretty woman MEGUMI」作為食材,是相當豪華的一款刨冰。小心地剝掉葡萄柚的外皮,並以果凍披覆。經果凍披覆處理後,果肉多汁且色澤更鮮豔,美味瞬間更上一層樓。冰片裡有大量果肉外,另以不加熱處理方式製作糖漿。盛盤時依序擺放冰片、糖漿、冰片、店裡特製牛奶醬、生起司糖漿、冰片、帶果肉的果膠,最後蓋上一層刨冰後澆淋大量生起司糖漿,擺上半顆果凍披覆的MEGUMI葡萄柚。每次上桌時總會聽到來自客人的驚呼聲。

1顆7cm大小的「甘王」草莓,毫不吝嗇地整顆以果凍披覆。搭配鬆軟刨冰相得益彰。

Variation 3

甘王草莓果膠刨冰

售價
1500日圓

店裡製作草莓糖漿所使用的草莓,會趁著草莓季時依種類分別冷凍保存,之後再依冰品種類挑選適合的顏色與味道的草莓製作成糖漿。雖然為同一款冰品,但可能會因季節而有些許差異,唯一不變的是必定使用2、3種不同品種的草莓。由於未經加熱處理,無論色澤、酸味、香氣都比新鮮草莓更明顯,品嚐刨冰的同時也能細細品味濃縮草莓的滋味。刨冰中使用大量草莓糖漿和店裡特製的牛奶醬,還有大量使用「甘王」草莓製作的果膠。上桌時另外附上牛奶醬,客人隨時都能增添風味,而覺得草莓糖漿不夠時,也可以請店家適時補充,這樣的服務非常貼心,從第一口到最後一口都能吃得很開心。

店家自創的生起司糖漿，使用奶油起司、鮮奶油、牛奶、煉乳混拌而成。

售價
*1600*日圓

Variation 4

紅瑪丹娜＋紅頰刨冰

一半「紅瑪丹娜」柑橘搭配一半「紅頰」草莓，一次享用兩種高級食材的刨冰。使用顏色鮮豔、甜度高的愛媛縣產紅瑪丹娜柑橘製作糖漿，並加入無農藥栽培且汆燙過的檸檬皮，不僅增添一絲淡淡苦味，還有助於突顯整體的味道。先在冰片上澆淋特製食譜製作的牛奶醬，再依序淋上生起司糖漿、紅瑪丹娜糖漿和使用紅瑪丹娜製成的果膠。調整好刨冰的形狀後，半邊淋上紅頰草莓糖漿，半邊淋上紅瑪丹娜糖漿，舀取一些8分發泡鮮奶油置於頂端，再擺上紅瑪丹娜、紅頰果肉作為裝飾。最後以繞圈方式撒上九重柚子甜米菓。

用瓦斯噴槍製造炙燒效果的刨冰。吃下
第一口，口中會有冷熱交戰的奇妙口
感。

Variation 5

炙燒番薯起司＋卡士達醬刨冰

先將鹿兒島產的「紅東」番薯蒸熟後過篩，加入藍紋起司和鮮奶油混拌在一起。黏稠且滑順的甜番薯與帶有鹹味的藍紋起司形成味覺上的對比，這種令人上癮的美味提高了常客的回流率。以冰鎮過的器皿盛裝冰片，淋上特製牛奶醬、濃郁但清爽的卡士達糖漿，再次堆疊冰片和淋上卡士達糖漿。接著撒一些烤過的綜合起司條和撕成小塊的起司片，以冰片覆蓋後再次淋上卡士達糖漿和番薯醬，最後撒一些砂糖，用瓦斯噴槍炙燒成焦糖狀就完成了。

碎大豆事先經油炸、油漬處理，和奶油、冰片搭配在一起時別有一番特殊口感。

售價
*1100*日圓

Variation 6

福袋刨冰

使用節分時撒豆子以招福的大豆所調製而成的人氣刨冰。小心剝除北海道產的大豆外皮後搗碎，先用中～高溫熱油炸過後浸漬在油裡。使用沖繩黑糖製作而成的黑蜜作為糖漿。除此之外，最後撒在刨冰上的黃豆粉，則選用香氣更為濃郁的黃豆粉。刨冰所使用的每一樣食材都經過精挑細選且事先精心料理。盛盤時先將鬆軟冰片鋪在器皿底層，然後依序淋上店裡特製的牛奶醬、黑蜜、油漬大豆和黃豆粉。再次堆疊冰片至一座小山高，以繞圈方式淋上黑蜜後，舀取大量油漬大豆和7分發泡鮮奶油置於頂端，最後以黑蜜和黃豆粉作為裝飾。

15 *Variation*

二條若狹屋 寺町店

NIJOUWAKASAYA

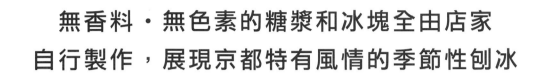

無香料・無色素的糖漿和冰塊全由店家自行製作，展現京都特有風情的季節性刨冰

　　京都老字號和菓子屋『二條若狹屋』於2013年開幕的寺町店二樓增設茶坊。店長大石真由美小姐曾提議「想在茶坊裡供應刨冰，首先就從最足以代表京都的「抹茶」刨冰開始。」對於這樣的提議，『二條若狹屋』代表如此回應「既然要供應以抹茶為主的菜單，就絕對不能輸給任何人。」於是，他們從平時合作的3家當地日本茶專賣店各自購入一級品，並努力開發獨家配方的濃茶糖漿。寺町店剛開幕時，市內全年供應刨冰的店家屈指可數，因此一開始便下定決心全年販售刨冰。「店裡的刨冰堅持無香料添加・無色素的作法，重視活用食材本身的美味。不仰賴食譜，每年都以從零開始的決心面對各種食材。」（大石）。除此之外，靈活運用原本和菓子店的強項，選用各種不同類型的砂糖調製最適合的糖漿。春天使用櫻花模型、秋天使用楓葉模型製作羊羹，另外又以仙貝、米果等和菓子製作和風系列、水果系列、甜點系列等充滿京都風情的刨冰。最值得一提的是二條若狹屋所使用的冰塊是利用京都地下水製作而成。店內備有冰塊專用冷凍庫，將汲取而來的地下水置於－4℃至－7℃的環境下，花個3、4天慢慢結凍成冰塊。由於使用京都水製成的冰塊，所以無論用於製作糖漿的抹茶、焙茶、煎茶等京都傳統茶，或者用於製作「京豆腐冰」的豆腐等京都特有食材都與冰片非常合拍。店裡平時備有6～15種刨冰供大家選擇。

引進電動式與手動式Swan刨冰機各1
台。自冷凍庫取出冰塊，置於室溫下變
透明後即能使用。

Variation 1

番茄優格刨冰

甜番茄糖漿和清爽優格糖漿各據左右一方，紅白配色加對比滋味，搭配得天衣無縫。以小番茄裝飾，更增添夏季風情。「將吸飽溫暖陽光的紅色番茄製作成最適合刨冰的美味糖漿。」（店長大石）。精心挑選製成番茄糖漿後也能保留濃郁美味的番茄，吃一口糖漿就能感覺到番茄的多汁與果香味。部分討厭番茄的顧客品嚐後也讚不絕口地說「將番茄做成這樣的刨冰，連我都敢吃了！」。這道冰品於每年7月左右供應。使用蔬菜糖漿的刨冰還包括「火焰南瓜刨冰」、「柿子酪梨刨冰」、「蠶豆刨冰」等。

「先吃一口原味,再隨個人喜好添加調味料」大石店長。最常使用的調味料是湯頭醬油,而右下角照片中為黑蜜·黃豆粉組合。

售價
950日圓

Variation 2

京豆腐冰

刨冰與豆腐的組合!?這是一道挑戰大家味蕾的創新冰品,約每年10月左右會突然出現在菜單上,雖然看似特別,卻吸引不少常客準時到訪。微甜的豆腐糖漿不僅能作為刨冰的調味料,也用於增加甜度。品嚐這道刨冰時,大家可以選擇「金芝麻·青蔥·鰹魚片·湯頭醬油」藥引組,或是「黑蜜·黃豆粉」甜味組。選擇藥引組合,這道冰品便宛如一道冷盤;而選擇甜味組合,刨冰即刻變身成甜品。京都盛產美味豆腐,無論是豆腐或製作刨冰的冰塊都是使用京都的地下水,本店就是基於這兩者的合拍程度,才開發出豆腐刨冰這道冰品。

先在器皿底部鋪上寒天、紅豌豆和栗子餡，然後再往上堆疊冰片。

售價
1400日圓

Variation 3

餡蜜刨冰 ~賞楓~

「餡蜜刨冰」使用的糖漿和外觀設計會隨季節轉換而改變，上方照片為秋季版。以濃茶糖漿和楓葉形狀的羊羹來表現秋之京都。使用高級抹茶製作獨家濃茶糖漿，並且以楓葉形狀的『二條若狹屋』特製羊羹作為裝飾，刨冰中還有店裡和菓子師傅製作的紅豆餡。隨盤附上的黑蜜是餡蜜的調味料，也可以直接淋在冰片上食用。除了秋季版餡蜜刨冰，還會針對梅雨季、大文字五山送火、紅葉季、聖誕節、新年等四季節慶，以各種糖漿和羊羹等和菓子來表現，「餡蜜刨冰」可說是一道不分季節全年受到歡迎的冰品。

冰片中加入3、4種切小塊的水果。取材當天的刨冰內含草莓、蘋果、奇異果、橘子果凍等水果。

Variation 4

彩雲刨冰

在鬆軟如白雲形狀的冰片上澆淋5種當季糖漿，一次享用5種美味，因此取名為「彩雲」。5種不同滋味的糖漿，讓人直到最後一口依然充滿新鮮感。5種糖漿中基本上會有3種水果系列的糖漿，取材當天搭配的是（由左至右）麥芽糖糖漿、甜酒糖漿（無酒精）、草莓糖漿、酸橙糖漿、奇異果糖漿。「麥芽糖糖漿深受客人喜愛，目前已列為招牌糖漿。另外，我們會準備一些較為特殊的水果和砂糖來製作糖漿。」（大石）。水果系列的糖漿隨季節而改變，像是紅肉葡萄柚或蘋果等，而水果以外的糖漿則包含黑糖牛奶、抹茶牛奶糖漿等等。

Variation

16 べつばら

BETSUBARA

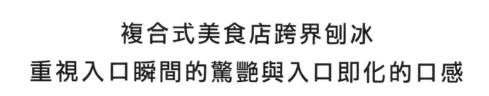

複合式美食店跨界刨冰
重視入口瞬間的驚艷與入口即化的口感

『べつばら（BETSUBARA）』開幕於2013年，原本是一間麵包與甜點的複合飲食店。現在除了麵包與甜點外，刨冰已經是店裡不可或缺的重要份子。除了1、2月外，店裡每個月都會供應刨冰，其中人氣夯品「桃冰」上市的7月～9月，更是11點一開店就有客人上門預約，往往不到中午就已經將當天限定份量全數預約完。店裡只有九個座位，為了盡量滿足客人在人多時想加點的需求，最近開始提供每位客人能點2種不同刨冰的服務。

當初因夏季麵包銷售額有下降的趨勢，店裡才從2014年夏季開始供應冰品。店主井原百合子表示「有名的美味刨冰店都使用Swan這個品牌的刨冰機。」因此店裡跟著引進Swan刨冰機。「入口的瞬間，味道和口感真的令人感到驚艷，能在驚艷間融化的冰片才是最理想的狀態。」「雖然冰片層層交疊，但希望讓客人每一口都有不同的感受。」另外，為了讓刨冰的美味能殘留在口中，店裡也致力於製作能與冰片相得益彰的糖漿。糖漿和奶油醬皆為自製，而且為了讓客人吃到冰涼也吃到紮實的美味，「番薯奶油刨冰」中的烤番薯、「蒙布朗牛奶刨冰」中的甜栗都是不計成本的上等食材。調整刨冰甜度時，隨時將「直到最後一口都是美味無窮」擺在心上。為了讓客人吃不膩，冰片中藏有奶油和餡料，這同時也是『BETSUBARA』這家店的刨冰特色。招牌刨冰約有6種，包含生起司系列、水果系列和限定系列。

器皿裡先盛裝約1/3的冰片，澆淋檸檬糖漿和生起司糖漿後擺上柑橘類果肉或當季水果（取材時為溫州蜜柑）。

售價
900日圓

Variation 1

檸檬生起司刨冰

在「想嘗試製作非牛奶系列、非優格系列的刨冰」的提議下所誕生的刨冰，使用生起司糖漿作為淋醬且全年供應。夏季搭配檸檬和百香果，冬季則搭配檸檬和藍莓。「檸檬生起司刨冰」的上層有當季的柑橘和金桔、中間有當季的柑橘或季節性水果。這道刨冰好吃關鍵在於大量使用與生起司非常合拍的檸檬、橘子、金桔等柑橘類水果。使用檸檬汁製作檸檬糖漿，是因為新鮮檸檬可容易導致糖漿的味道過於強烈。微酸的檸檬糖漿搭配帶有清爽甜味的生起司糖漿，真的是絕妙美味。

刨冰裡的「薯餡」口感較番薯奶油更為黏稠。

售價
900日圓

Variation 2

番薯奶油刨冰

在甜點系列的刨冰中，第一個深獲好評的就是這個「番薯奶油刨冰」，這是店長井原小姐研精苦思下的結晶，支持者以女性居多。在淋上煉乳糖漿的冰片上澆淋大量番薯奶油，擺上自製楓糖鹹胡桃，再淋上楓糖糖漿就完成了。冰片裡藏有料好實在的「薯餡」。配料方面，最初選用杏仁，但為了配合冰片入口即化的口感而改用胡桃。撒鹽的胡桃具有提味效果，更能突顯番薯奶油的甜味。製作薯餡和番薯奶油時，特別使用「烤番薯」，為的是讓客人能充分享受番薯的香甜美味。這道冰品僅秋季至冬季期間供應。

冰片裡藏有蒙布朗奶油、帶薄膜的栗子甘露煮，以及店裡自製的黑醋栗果醬。

售價
1000日圓

Variation 3

蒙布朗牛奶刨冰

在淋上煉乳牛奶醬的冰片上澆淋大量蒙布朗奶油，再以帶薄膜的栗子甘露煮和小餅乾裝飾。堆疊的冰片裡有蒙布朗奶油、帶薄膜的栗子甘露煮和黑醋栗果醬。這是從搭配黑醋栗的蒙布朗蛋糕得到的創意啟發。店長井原小姐表示「冰片溫度較低，導致難以感受到常溫奶油和糖漿的味道，因此製作奶油和糖漿時，食材的挑選格外重要。」另外，市售奶油和蒙布朗泥的風味偏淡，因此決定在蒙布朗奶油中添加「甘栗」。僅秋季至冬季這段期間供應，和「番薯奶油刨冰」同樣是回客率非常高的冰品。

冰片上澆淋開心果糖漿和煉乳牛奶醬，
再以金桔和巧克力脆餅作為配料。

售價
1000日圓

Variation 4

聖誕刨冰 ～開心果與覆盆子～

這是一款2018年聖誕節供應的刨冰。冰片上澆淋香氣迷人的開心果糖漿、別具風味的覆盆子糖漿，以及煉乳醬。冰片頂端有糖漿和洋酒醃漬的草莓，冰片裡面有金桔和巧克力脆餅。開心果糖漿的味道偏濃郁，因此搭配清爽又新鮮的金桔。巧克力脆餅具有強調口感的效果。製作開心果糖漿的原料有烘焙開心果和開心果泥，而製作覆盆子糖漿的原料則為100％的覆盆子泥。「聖誕刨冰」的內容每年都會改變。

17 *Variation*

kakigori
ほうせき箱
h o u s e k i b a c o

堅持使用奈良產為主的食材與充滿玩心的命名方式，創作獨具個性的刨冰

　　位於奈良市奈良町的『寶石箱（ほうせき箱）』是足以代表關西地區的有名刨冰專賣店。古時的奈良稱點心為「寶石」，之所以將店名取為寶石箱，是出於「希望能將帶給人幸福的寶石（刨冰）散播給更多人。以及希望讓刨冰成為奈良的一種固定飲食文化」的想法。

　　『寶石箱』最大特色是使用現擠的牛奶、一早現採的水果、名產日本甘酒和柚子酒等以奈良產為主的優質食材。為這些食材嚴格把關的是兩位老闆岡田桂子與平井宗助。與冰有極深因緣的冰室神社（奈良市）每年舉辦刨冰活動「冰室白雪祭」，而兩位老闆打從第一屆開始便共同攜手進行活動的企劃與營運。

　　『寶石箱』目前供應6～8種刨冰，包含新年、節氣、情人節等節慶限定版刨冰和使用當季水果的刨冰。「琥珀珍珠牛奶刨冰」、「石蕊試紙刨冰」等令人匪夷所思的刨冰名反而吸引更多客人嚐鮮，炎熱夏季裡一天可以賣出200～350碗。岡田小姐表示「我本身喜歡鬆軟冰片，因此在店裡製作冰片時，我會隨時提醒自己要將鬆軟冰片做得『蓬鬆』、充滿幸福的感覺。」讓刨冰鬆軟可口，關鍵在於整個冰片上要澆淋糖漿。除了店裡供應刨冰外，偶爾也與雜誌或地方名店合作於各種活動上供應刨冰，岡田小姐表示「希望藉由刨冰推廣奈良，也推廣參與各場活動的店家所帶來的各地優質食品與農產品。」

CHUBU CORPORATION股份有限公司製造的「Hatsuyuki」刨冰機，下方空間大，切削冰片時更方便。公司定期派人檢修刨冰機的售後服務更是令人感到滿意。

牛奶糖漿和牛奶慕斯泡沫所使用的牛奶是1883年創業的植村牧場（奈良市）現擠的低溫殺菌牛乳。

售價
810日圓

加點咖啡凍的售價
為920日圓

Variation 1

琥珀珍珠牛奶刨冰

使用高品質的牛奶製作牛奶糖漿和牛奶慕斯泡沫，濃郁奶香搭配鬆軟可口的冰片，造就這道令人垂涎三尺的琥珀珍珠牛奶刨冰。為了突顯冰片的鬆軟特性，冰片裡面不另外添加配料，只用冰片、糖漿、慕斯泡沫完成這道刨冰。老闆岡田小姐表示「請先品嚐原味，再淋上焦糖品嚐另外一種好滋味」。澆淋隨盤附上的自製焦糖，再擺上一些烘焙鹽味堅果，淡淡的苦味配上脆脆的口感，頓時又能享受另外一種好滋味。低溫殺菌牛乳的成分因時期而略有不同，因此糖漿和慕斯泡沫會出現宛如珍珠般的光澤，再加上焦糖呈琥珀色，這道刨冰才取名為「琥珀珍珠牛奶刨冰」。

讓客人自己淋上柑橘果汁，欣賞美麗的色彩變化。這道刨冰使用的冰塊是日乃出製冰廠（奈良市）費時72小時製作的純水冰塊。

售價
920 日圓

Variation 2

石蕊試紙刨冰

以蝶豆花（一種香草茶）熬煮成糖漿淋在冰片上，然後再澆淋柑橘果汁，當花青素遇到檸檬酸時，會如同石蕊試紙般產生變色反應，因此取名為石蕊試紙刨冰。冰片中間淋上柚子或檸檬等當季柑橘糖漿，有時會因為搭配的水果而改用奇異果糖漿。不僅冰片頂端，冰片裡也會放入當季水果（取材那天為草莓）和優格慕斯泡沫。上桌時會附上手動榨汁機，讓客人親手榨新鮮柑橘（取材當天為柚子）淋在刨冰上。隨盤附上柚子酒（照片左後方）的「成人石蕊試紙刨冰」售價為970日圓。刨冰呈冷色調，因此冬季不供應。

冰片裡放入大量「橋平甜酒」，這是一家位於奈良市京終町，創業於江戶末期的味噌、醬油老店一井上商店所製作的甜酒。

售價
920日圓

Variation 3

大和抹茶牛奶刨冰

製作糖漿所使用的牛奶、抹茶和甜酒全是生產自奈良縣的食材，老闆堅持使用這些優質食材來製作抹茶牛奶刨冰。切削冰片、淋上牛奶糖漿，重複這樣的作業2次之後，倒入「橋平甜酒」並擠上大量的牛奶慕斯泡沫，接著繼續切削冰片，並於最後淋上大量奈良產抹茶所製作的大和抹茶蜜。冰片表面不擺放任何配料，這是為了使大和抹茶蜜的翠綠更加醒目。不少喜歡單純刨冰的人、前來奈良觀光的人、外國觀光客都會特地前來店裡品嚐一碗道地的奈良刨冰。刨冰裡的甜酒不含酒精，小朋友可以安心食用。這道招牌冰品全年供應。

在冰片上澆淋牛奶糖漿和草莓糖漿，擺上草莓後擠一些牛奶慕斯泡沫。

售價
1190日圓

Variation 4

奈良草莓刨冰

在年末～4月上旬的草莓季中，約有八成客人會指定吃這道使用早上現採草莓製作的奈良草莓刨冰。每天早上老闆親自前往簽約農家採購草莓，取材當天使用的是奈良出產的「古都華」、「明日香紅寶石」和「章姬」3種品種（使用品種因當天採購情況而異）。鮮紅色的糖漿是使用當地出產的多品種草莓所製作的綜合草莓糖漿。每碗刨冰約使用3.5顆的新鮮草莓。冰片中間和表面都淋有草莓糖漿和牛奶慕斯泡沫。一道真材實料的豪華草莓刨冰。冬季另外供應「草莓卡士達醬刨冰」，售價970日圓。

18 *Variation*

おいしい氷屋
天神南店

OISHII KOORIYA

善用自家品牌純冰的刨冰專賣店
秋冬豐富的季節限定菜單吸引眾多客人上門

　　這是一家創業於1946年的九州製冰公司的直營刨冰店。當初基於想將自家品牌「博多純冰」的美味直接推廣給更多消費者而有了開店的想法，而且非常幸運地1號店唐人町店順利於2016年4月開幕，而2017年11月開幕的則是天神南店。

　　刨冰中最關鍵的「博多純冰」排除絕大部分的雜質，耗時72小時以上慢慢結凍而成，冰純度高達99.9％，是公司最引以為傲的優質冰塊。由於不容易融化且幾乎不含雜質，有助於襯托各種糖漿的好滋味。刨冰機則使用「Hatsuyuki」的BASYS系列。天神南店的店長長勇太先生表示「BASYS系列的刨冰機能將自家公司的冰塊切削得更薄更鬆軟綿密，因此決定引進同機型刨冰機」。

　　常規菜單中共有7種刨冰，再加上秋冬限定冰品，共有14種之多。長勇太先生表示「本店將經營重點擺在刨冰，但秋冬兩季的客人明顯比春夏兩季少，唯有創造秋冬季才品嚐得到的附加價值才能提升淡季的來客率。」店裡員工共同開發季節限定菜單，特別是「站在女性立場所設計的色香味俱全刨冰更是吸引不少女性客人上門。」

　　『おいしい氷屋（OISHII KOORIYA）』經過1整年在福岡致力於讓刨冰文化落地生根後，終於在2018年5月前往刨冰聖地‧台灣開設分店，人氣指數正逐漸成長中。

事先放在器皿底部的香草冰淇淋，會隨冰片融化開始綻放自己的存在感。撒一些粗咖啡粉作為提味用。

使用母公司九州製冰公司出產的冰塊「博多純冰」。冰塊純度99.9%，排除絕大部分的雜質。

售價
750日圓

Variation 1

豆香洞咖啡刨冰

這道刨冰的美味關鍵在於咖啡醬，咖啡醬的原料是福岡有名的烘焙工坊『豆香洞咖啡』的濃縮法式咖啡。不僅嚴選原料咖啡豆，研發這道冰品時更採納『豆香洞咖啡』烘焙師後藤直紀小姐多年來的經驗，堪稱是一道相當正統的咖啡刨冰。活用重烘焙咖啡豆的苦味和醇味製作成咖啡醬，

再以自製牛奶醬來增添甜味。冰片頂端澆淋馬斯卡彭起司醬，放入口中時頓時有種提拉米蘇的風味。盛盤時反覆堆疊冰片、澆淋牛奶醬、堆疊冰片……一碗毫無冷場的刨冰即可上桌了。

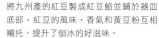

將九州產的紅豆製成紅豆餡並鋪於器皿底部。紅豆的風味·香氣和黃豆粉互相襯托，提升了刨冰的好滋味。

使用CHUBU CORPORATION股份有限公司生產的「Hatsuyuki」BASYS系列刨冰機。原本的手動開關改造成腳踏開關，更方便靈活運用雙手做其他事。

售價
750 日圓

Variation 2

美味黃豆粉刨冰

這是全年供應的常規刨冰之一，最大特色是第一口就充滿濃郁的黃豆粉香氣。冰片裡加了少量甜味較強烈的牛奶醬，外表澆淋甜度較低的自製糖蜜，兩種甜味形成對比，更增添層次與深度。刨冰頂端另外淋上黃豆粉醬與粉末狀的黃豆粉。「過多粉末狀的黃豆粉會破壞口感，訣竅是足以增添風味的量就夠了。」（店長長勇太先生）。鋪於器皿底部的白玉湯圓和顆粒狀紅豆餡讓人吃到最後一口仍舊感受得到濃濃的日式風味。最後撒上一些杏仁碎、腰果和核桃，讓刨冰的香氣更撲鼻。

冰片裡面放入巧克力慕斯和發泡鮮奶油，多花點心思讓巧克力的美味一直延續到最後一口。

將器皿置於旋轉台上，然後於冰片表面塗抹發泡鮮奶油。這道冰品需要較長的作業時間，只適合在冬季供應。

售價
950 日圓

Variation 3

巧克力 & 發泡鮮奶油刨冰

這道刨冰是2018年登場的聖誕節限定冰品，因深受好評而持續供應至隔年2月。器皿底部鋪巧克力冰淇淋，冰片裡放入巧克力慕斯和發泡鮮奶油，巧克力放滿鋪滿的刨冰。另外，刨冰表面塗抹大量發泡鮮奶油，澆淋可可風味的濃郁巧克力醬，好比裝飾蛋糕般。刨冰的基底味道來自『豆香洞咖啡』的咖啡豆所提煉的濃縮咖啡牛奶，再加上巧克力等調製而成的綜合咖啡歐蕾風淋醬。因使用大量巧克力，刻意降低淋醬的含糖量以調控甜度，讓淋醬帶有濃濃的黑巧克力風味。頂端的杏仁碎與冰片裡面的巧克力脆餅則用來增加口感。

將生薑磨成泥浸漬於蜂蜜裡，3天後這罐生薑蜂蜜就是這道刨冰的美味關鍵。先在器皿底部鋪一些生薑蜂蜜，並於切削冰片後再整體澆淋一次。

售價
950日圓

Variation 4

豆漿生薑刨冰

先將台灣甜點「豆花」（原料為豆漿）倒在器皿中，淋上以蜂蜜浸漬的自製濃郁生薑蜂蜜後開始往上堆疊冰片。舀取一些顆粒狀紅豆餡（也用於常規刨冰「美味黃豆粉刨冰」中）放在冰片中以增添甜味。淋醬的基底為生薑蜂蜜，另外加入豆漿和黑糖等食材混拌而成。為了突顯豆漿原有的清爽口感，刻意減少糖的使用量。冰片頂端淋上豆漿發泡鮮奶油，並擺上抹茶口味的生八橋和甜黑豆作為配料。這款冬季限定冰品於2019年2月登場，以豆漿取代牛奶的緣故，對奶製品過敏的人也能安心享用。

10 Cafe&Diningbar 珈茶話 kashiwa

地址：栃木縣日光市今市1147　**TEL**：0288（22）5876
營業時間：11：00～22：00　**公休日**：週三

1982年開幕之際據是家咖啡館，現在已轉型為咖啡廳兼酒吧的飲食店。白天供應著西式餐點和講究食材的法式吐司；到了夜裡的酒吧時間則供應各式雞尾酒，從早到晚吸引各個不同年齡層的顧客上門。施家店的第二代老闆柏木純一同時身兼拿鐵拉花師的身分，他將3D拉花藝術和使用日光天然冰製作的刨冰上傳至社群網站後，引起不少人熱烈回應，也吸引不少來自國內外的觀光客上門捧場。店裡也時常舉辦一些競場拉花的表演活動。

店長
柏木純一先生

11 氷舍mamatoko

地址：中野区弥生町3-7-9　**Twitter**：氷舍mamatoko（@hyoushmamatoko）
營業時間：平日14：00～19：00（L.O.18：30）、六日、國定假日13：00～18：00
（L.O.17：30）　**公休日**：週三、週五

「氷舍」座落於閑靜的住宅區，距離中野新橋車站徒步只要7分鐘，往往開店前已經大排長龍，雖然店面不大，但相當受到歡迎。老闆原田小姐至今仍保持一年品嚐1600多碗刨冰的習慣，基於這樣的緣故，店裡才有20～30種多樣化的刨冰品項。重視冰片品質，同時活用素材的美味。吧台席加餐桌席共有9個座位。

老闆
原田麻子小姐

<ruby>かき氷<rt></rt></ruby>　<ruby>カフェバー<rt></rt></ruby>　<ruby>イエロ<rt></rt></ruby>
12 KAKIGORI CAFE&BAR yelo

地址：東京都港区六本木5-2-11 パティオ六本木1F　**TEL**：03（3423）2121
營業時間：11：00～隔天清晨05：00（L.O.04：30）（日、連假最後一天～23：00）
公休日：全年無休

2014年開幕於東京六本木的咖啡廳兼酒吧。店名「yelo」是西班牙語「冰」的意思，位於都心且深夜還能享用刨冰，因此吸引不少客人上門。夜間另外供應含酒精刨冰，色彩鮮艷的外觀深受好評，主要客源為20～30歲的男女性。另一方面，和超商合作推出的刨冰商品也有相當不錯的銷售額。

店長
小方美花小姐

13 和Kitchen かんな

地址：東京都世田谷区下馬2-43-11　COMS SHIMOUMA 2F
TEL：03（6453）2737　**營業時間**：11：00～19：00　**公休日**：週三

2013年開幕於東京三軒茶屋時原是一家日式餐廳，大約1年後才開始全年供應日本飲食文化之一的刨冰。烤魚等午餐定食深受好評，約6成的客人會於飯後來碗刨冰。搭配日、西式食材和當季食材製作而成的醬汁，美麗外觀和好滋味累積出好口碑與高人氣。沖繩分店還供應「沖繩熱帶芒果刨冰」等充分使用當地食材的刨冰。

店長
石井 雄先生

14 氷屋ぴぃす

地址：武蔵野市吉祥寺南町1-9-9じぞうビル1樓
Twitter：氷屋ぴぃす（@kooriya_peace）　**營業時間**：週二～四、六、日
10：00～18：00（L.O.17：30）　週五10：00～20：00（L.O.19：30）
公休日：週一（遇國定假日或國定假日前一天則照常營業，並改為隔天公休）

2015年7月開幕，座落於從吉祥寺車站徒步約5分鐘的大樓內。往往開店前已經大排長龍，不僅有來自外地的觀光客，還吸引不少當地常客光顧，回客率相當高。菜單中有不少注重季節感的冰品，而常規冰品約有10種。水果披覆果凍的刨冰在社群網站上引起熱烈討論。

店長
淺野由實小姐
員工
山田遼平先生

15 二條若狹屋 寺町店
にじょうわかさや

地址：京都府京都市中京区寺町通二条下る榎木町67　**TEL**：075（256）2280
營業時間：茶寮10：00〜17：30（L.O.17：00）　**公休日**：週三

「二條若狹屋」原是一家創業自1917年，至今已有百年歷史的和菓子店。寺町分店的一樓仍是和菓子販賣部，但二樓茶坊則另外供應含刨冰在內的甜點。多種刨冰中最受歡迎的是火焰南瓜刨冰、以烤布蕾為配料的紅蘋果刨冰、草莓刨冰。京豆腐冰、黑豆冰、白味噌冰等充滿京都風味的刨冰也都有相當不錯的評價。日式風味的刨冰吸引不少來自關西等外地的觀光客上門嚐鮮，尤其夏季常常擠得水洩不通。

店長
大石真由美小姐

16 べつばら

地址：大阪府大阪市西区新町2-17-3　**TEL**：06（6531）3171
營業時間：11：00〜18：00、刨冰供應時間為13：00〜17：30（L.O.售完為止）
公休日：週日、週一

「べつばら」是一家麵包與甜點的複合飲食店。店裡引進大阪帝塚山『オーカニックパン工房それいゆ』和平野『トロワ』各種麵包、以及各類對身體有益的甜點。目前刨冰種類已增加至50種，1、2月以外的月份都能享用美味刨冰。夏季期間最好事先預約。客源中約9成為20〜60歲的女性。

老闆
井原百合子小姐

17 kakigori ほうせき箱

地址：奈良県奈良市餅飯殿町47　**TEL**：0742（93）4260
營業時間：10：00〜20：00（L.O.19：00、售完為止）　**公休日**：週四

這是一家只賣刨冰的專賣店。2016年3月搬到現在的所在地，吧台座加鵝桌席共有36個座位。為避免吃冰時身體過於冰冷，全年供應刨冰的同時也附上一杯熱茶，而座位間還隨時擺有板式加熱器。另外，店裡也販售刨冰所使用的食材與一些原創雜貨。由於旺季，亦即夏季時客人比較多，當天會發放號碼牌以避免客人久候或撲空，秋冬季時，除了週六、週日、國定假日外，大部分時間沒有號碼牌也能隨時入內享用刨冰。

共同代表
剛田桂子小姐

18 おいしい氷屋 天神南店

地址：福岡県福岡市中央区渡辺通5-14-12南天神ビル1F　**TEL**：092（732）7002
營業時間：11：00〜19：00（L.O.18：30）
公休日：週一（遇國定假日則改為隔天公休）

本是福岡全年供應刨冰的先驅店。以老字號製冰公司引以為傲的冰塊製作成刨冰。夏季裡，排隊等個2〜3個小時是很輕鬆平常的事。全年供應的常規刨冰共有7種，「八女抹茶」750日圓、「甘王草莓牛奶刨冰」750日圓（各含稅）等等，因使用福岡當地食材製作成刨冰而深受好評。1號店的糖人町店冬季期間不營業，直到3月才會再次開門迎接客人。

店長
長 勇太先生

MONIN 糖漿主宰刨冰的滋味！

以出眾美味贏得人心的韓國刨冰

甜點咖啡廳『SNOWY VILLAGE新大久保店』所推出的高優質牛奶刨冰，
以極具衝擊性的外觀和鬆軟口感瞬間成為人氣排隊美食。
店裡製作刨冰所不可或缺的材料之一，就是Nichifutsu Boeki股份有限公司
代理進口的「MONIN」糖漿。

スノーウィーヴィレッジ
SNOWY VILLAGE 新大久保店
☎ 03-6302-1158
地址：東京都新宿区百人町1-1-20 グリーン
プラザII 1棟／營業時間：週一～週四10：
00～23：00週五・六・日・國定假日10：
00～23：30／公休日：全年無休

人氣No.1！

草莓冰酥　　1300日圓

使用新鮮草莓製作的草莓冰酥是店裡No.1的人氣夯品，全年供應中。❶將入口即化的冰片堆疊得跟小山一樣高，在冰片四周擺上大量對切的新鮮草莓和軟綿綿的鮮奶油。❷在冰片中和草莓上面淋上大量「MONIN草莓果泥」，再加上滑順果醬般口感的糖漿，冰酥的美味瞬間再升級。

MONIN草莓果泥
果泥呈亮麗紅色。糖度65，水果含量50%。最大特色是果泥中有草莓籽和纖維，具有果實濃縮後的濃郁甜味。

❶　　❷

藍莓起司冰酥　　1300日圓

這道冰品使用大量大顆粒的藍莓，濃郁果香味相當受到大家喜愛。MONIN起司蛋糕糖漿的味道和「MONIN莓果果泥」十分合拍，兩相襯托下更突顯了起司蛋糕的濃郁香氣。隨盤附上一碟「MONIN起司蛋糕糖漿」，可依各人喜好添加濃郁的香氣和滋味。

右：MONIN莓果果泥
果泥呈深紅色，糖度60，水果含量50%。特色是綜合覆盆子、藍莓和草莓3種莓果的甜味。

左：MONIN起司蛋糕糖漿
充滿濃濃起司蛋糕味，又帶點酸味的糖漿。

果香滿滿♪

綜合莓果冰酥　　1300日圓

使用大量黑莓、藍莓和覆盆子，一道香濃又口感清爽的刨冰。完全鎖住莓果香甜美味的「MONIN莓果果泥」，酸甜滋味和果肉顆粒讓人一吃就上癮。

滿滿的莓果♫

●‥‥‥‥ **MONIN莓果果泥**

草莓牛奶　　550日圓

高品質新鮮牛奶搭配「MONIN 草莓果泥」。果泥容易溶解在液體中，瞬間轉換成非常夢幻的粉紅色。味道香甜且外觀粉嫩，一上傳至IG後立即吸引不少人前來朝聖。

\也可以用來製作成飲料！/

‥‥‥‥● **MONIN草莓果泥**

MONIN®

Monin的「果泥」系列不同於店裡常見透明瓶裝的糖漿，屬於偏黏稠的水果泥。嚴格說來是使用取自甘蔗的純糖和果汁、果泥製作而成的帶有果肉的糖漿。除「草莓果泥」、「莓果果泥」外，還有酸甜中帶些許苦味，使用柚子皮製成的「柚子果泥」等共16種口味。這系列的果肉糖漿充滿濃郁果香和果肉，非常適合用來製作刨冰、凍飲等含水量高的飲品。只要大拇指壓一下瓶蓋就能輕鬆使用，另外還有泵浦式瓶蓋的類型。

『SNOWY VILLAGE』是一家發源自韓國的雪花冰店，目前在全世界已有超過150家的分店。日本第一家分店也於2017年12月開幕。鬆軟冰片在口中融化，宛如絲綢般的新口感，深受10～30歲為主的女性客人愛戴，轉眼間已成刨冰界的新寵兒。

韓文的「冰酥（Bingsu）」是刨冰的意思，對於這種眾人評比為「世界最美味的刨冰」，負責打理日本『SNOWY VILLAGE』分店工作的B.N股份有限公司的執行長池宰煥先生這麼表示。

「弊公司的刨冰並非使用一般冷凍冰塊，而是透過特殊手法製作成牛奶冰磚，亦即將新鮮、高品質牛奶和鮮奶油為基底的液體倒入特殊機器中，再透過瞬間結凍方式製作成牛奶冰磚。將牛奶冰磚切削成雪花冰片後擺上大量新鮮水果，外觀吸睛，口感上也極具衝擊性。製作冰酥時還有一樣不可或缺的食材，那就是Monin糖漿。其中Monin果泥含有50％的果肉，味道格外香甜濃郁。充滿香甜牛奶味的冰酥和新鮮水果一拍即合，只要淋上這種糖漿，藉由糖漿的甜味來襯托微酸的水果，有助於進一步引出素材原本的美味。舉例來說，「草莓果泥」使用整顆草莓製作，果泥中留有草莓籽，淋上草莓果泥後有種宛如手作淋醬的口感，瞬間打造出極具奢華感的刨冰。除了方便使用外，對創作新刨冰也非常有幫助。」

使用種類豐富的Monin糖漿，肯定能打造出更多花樣百出的新菜色。

聯絡方式→Nichifutsu Boeki股份有限公司　TEL：0120-003-092　http://www.nbkk.co.jp/

日式刨冰店永續發展100年
～打造受歡迎的長壽刨冰店～

以藤澤・鵠沼海岸的人氣夯店
『埜庵』為學習目標的5個重點

ABOUT SHOP

監修	埜庵 老闆 刨冰文化史研究家 石附 浩太郎 ISHIDUKI KOTARO

彙整 山本あゆみ

1 身為先驅者

開創刨冰這個新事業是至高無比的榮耀

　　刨冰店『埜庵』在2019年的現今已經迎來第17個年頭。全年供應獨創刨冰，使用清甜的天然冰和當季水果製成的糖漿作為食材，以令人回味無窮的美味吸引顧客上門嚐鮮。致力於引領刨冰業的同時，也努力經營埜庵，光是週末兩天，夏季可供應高達500份刨冰，冬季也有200多份的好成績。加上近年來刨冰潮的盛行與社群網站的普及，更是吸引不少遠道而來的外地客和外國觀光客前來捧場。

　　店裡使用天然冰製作的刨冰包含「草莓刨冰」、「W草莓刨冰」、夏季人氣超夯的「白桃刨冰」、多次與抹茶製造商腦力激盪以調製綜合抹茶粉，並以此為材料製作而成的「抹茶刨冰」，以及招牌冰品和限定版冰品等共20多種。隨盤附上煉乳或巧克力淋醬，讓客人依個人喜好自行添加，這樣的巧思獲得各年齡層客群的廣大迴響。將過去一碗約300日圓的刨冰提高身價至800～1000日圓，並且創造無限刨冰商機的先驅者正是『埜庵』的老闆石附浩太郎先生。

　　他說「最初我想改變刨冰的規格。開業之初聽到不少『1碗800日圓的刨冰太貴了吧！』之類的聲音，但近5、6年來，定價高於『埜庵』的刨冰店增加不少。確立刨冰的新價值，開創冬季也能經營刨冰店的新事業，能夠成功做到這兩點，我真的感到無比光榮。」

　　與刨冰結下不解之緣是1998年的事，那一年石附先生33歲。當時他帶著大女兒造訪琦玉縣秩父郡長瀞，他在那裡品嚐了『阿左美冷藏』以天然冰製作的梅酒刨冰，刨冰的美味深深打動他的心。在那之後，他多次拜訪『阿左美冷藏』，並於2001年10月辭掉工作，正式加入『阿左美冷藏』學習刨冰技術。2002年4月起更報讀廚藝學校，潛心鑽研料理長達半年。完成學業後，他再利用半年的時間在個人經營的民宿、法式料理餐廳、大規模飯店等不同形態的5家餐飲店裡兼職，努力吸收新知也努力工作以累積相關經驗。

　　2003年3月，石附先生終於如願地在鎌倉小町通上開了一家小攤子『雪ノ下ガーデン』，雖然只有2年契約，但石附先生決定與妻子同心協力在這有限的2年內將自己的長才發揮至極致。

　　石附先生使用的是秩父『阿左美冷藏』的天然冰，當時曾以鎌倉也吃得到秩父天然冰為賣點引起眾人熱議，再加上打從創業第一年起，『埜庵』日式刨冰有幸受到各家媒體的採訪而吸引為數不少的客人上門嚐鮮。2年後契約到期，因緣際會下遷移到現在位於藤澤・鵠沼海岸的店鋪。雖然與石附先生嚮往已久的古厝形象相去甚遠，最終還是決定搬遷至此。2005年5月1日，以『埜庵』之名重新出發。

『埜庵』石附先生一家。老闆石附浩太郎先生（中間）、妻子晴子女士（右）、長女千尋小姐（左）。拍攝當天次女汐里小姐正巧不在。

傾注全力於刨冰，單一品項餐點

從小攤子變成2層樓的獨立店鋪後，石附先生第一個想法是必須讓更多人知道『埜庵』的存在。首先，以往來附近居民活動中心的當地人為目標，供應牛肉燴飯或牛肉燉飯等搭配飲料‧甜品的套餐，幸運的是前來店裡捧場的客人讓整個2樓座無虛席，然而這樣的盛況卻反而導致想吃刨冰的客人進不了門。「乍看之下生意很好，但客人來店裡的動機並不是『非這裡不可，而是這裡就可以了』。這樣的經營模式並非我真正想要的。」

為了朝心中的藍圖邁進，次年起，菜單上的餐點改以刨冰為主，沒想到上門的客人因此銳減，甚至在2007年11月時發生一碗刨冰都沒賣出去的窘況。石附先生並沒有因此喪志，反而趁這個契機，下定決心將所有精力投注在刨冰上，在明知客人會變得更少的風險下，將正餐餐點限縮至單一品項。並非計畫利用這物超所值的單一餐點吸引客人，而是基於享用刨冰的客人空腹上門時，為他們準備一些食物墊肚子的想法。在夏天是吃冰的旺季裡，店裡完全只供應刨冰。

「這樣的決定讓之前為了套餐上門的客人大失所望，但我認為在店鋪經營這個層面上，貫徹自己規劃的模式，並且明確區分什麼可以改變、什麼不可以改變是非常重要的一件事。」

38歲獨立創業，10年後倒閉的話，家人和員工都會陷入窮途末路。石附先生回顧過往這麼說道「評估並決定這樣的經營方針是否具有市場性與可行性也是非常重要的。」自己的最終目標並非單純做出「好吃的刨冰」，而是打造一間「客人想要再次造訪的冰店」。腳踏實地做好經營一家刨冰店的工作。有了這樣的堅定想法後，石附先生一掃過往的思考模式，下定決心為了讓客人喜歡『埜庵』這家刨冰店而努力。

自此之後，店裡維持單一品項餐點的模式，「日式拿坡里義大利麵」、1～2月登場的「味噌烏龍麵」或「咖哩烏龍麵」，這些都是客人特別鍾愛的餐點，變相成為不同於刨冰的『埜庵』名產。不少客人來碗刨冰的同時會加點一份餐點，這種情況在冬季期間更是有增無減。若夏季期間的單次消費金額為1,200～1,300日圓，到了冬季則會提高至2,000日圓以上。透過增加單次消費金額的模式以彌補虧損。

2 創造一家好店的價值

CREATE VALUE OF
LONG ESTABLISHED SHOP

增加死忠粉絲型顧客

曾經是乏人問津的冬季刨冰市場。石附先生創業初期正好是網路開始發達，部落格開始興盛的時代，原本僅靠口耳相傳的宣傳方式有了莫大轉變，多虧部落格的「呷好道相報」，『埜庵』的來客數持續有所成長。

夏天吃冰是理所當然的事，但冬天讓客人願意上門吃冰可非得有兩把刷子才行。石附先生基於「想讓大家在冬天也能品嚐美味刨冰」的想法，特地於冬季供應使用自製草莓糖漿特製的刨冰。石附先生的想法逐漸為世人所接納，大家驚覺於冬季刨冰美味的同時，顛覆了過往刨冰只屬於夏季的偏見。

石附先生所構思的刨冰其實非常簡單，只是切削冰片，淋上糖漿而已。換句話説，就是日本傳統飲食文化中的刨冰。只不過在過去漫長的歲月中，冬季並不存在刨冰這種食物。

「正因為過去的冬季沒有刨冰這種食物，冬季刨冰的形態不會受到過往框架的束縛，任何新奇別緻的創意都可以。夏季要跳脫傳統刨冰的模式，冬季則要打造獨創的全新刨冰。並非一年四季供應相同的刨冰就好，自己內心要確實有所區分，才能真正吸引顧客上門。」

至於開店的「強項」，石附先生又有什麼看法呢？

「過去沒有刨冰店這種行業，或許曾經有人挑戰過，但最終並沒有成功。至少我創業的那時候，東京都內沒有刨冰專賣店。若當時已有所謂的「冬季刨冰」這種市場，我想『埜庵』應該早就不存在。一位

一位慢慢增加客源是開拓新市場的基本功，對從事餐飲業來説更是最單純的作法。我認為真正的需求並非客人內心所期盼的願望，而是要針對他們未察覺到的細節提供解決方法。例如針對『這麼大一碗刨冰，吃不完啦！』的客人，為他們打造『吃得完』、『吃冰不會頭痛』的刨冰。『埜庵』就是這樣不斷透過為客人的新需求尋找解決之道，才得以存續至今。」

『埜庵』開業的前五年真的歷經千辛萬苦，以吃足苦頭來形容一點也不為過。但這10年來，對『埜庵』產生共鳴的客人逐漸增加，其中不少是開業初期以來一路相挺的忠實顧客，這一點真的讓人感到相當欣慰。『埜庵』的忠實粉絲是打從心底支持『埜庵』的死忠顧客。石附先生的競爭對手不是其他刨冰店，而石附先生的目標也不是打破世界紀錄，而是自我突破，改寫自己的歷史紀錄。再怎麼努力，客人或許不會發現，但只要稍微偷工減料，馬上會被識破。

店裡的常客不僅在夏天旺季上門光顧，入冬後也三不五時登門造訪。平日午後常見熟客上門，圍繞著石附先生開心地聊到忘記時間。據説有些常客是為了替淡季的『埜庵』貢獻點營業額而特地前來捧場。從這裡就能看出客人對『埜庵』那種宛如父母心的強力支持。

石附先生始於17年前的「一位一位慢慢增加客源」的土法煉鋼，現在終於紮實地開花結果了。

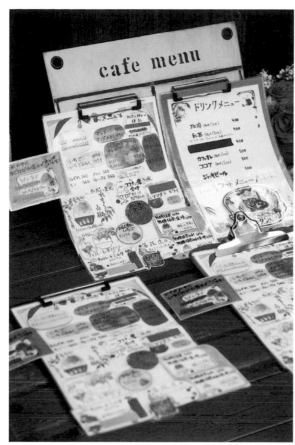

（左）可愛的插圖讓菜單更一目了然。（右上）黑板上寫著本日刨冰。（右下）2樓坐席備有焙茶、白開水、擦手紙等用品供客人使用。

價值在於顧客與企業產生共鳴

目前業界沒有一間刨冰專門店像『埜庵』一樣，全年供應刨冰長達17年。想要成為一間長期受到愛戴的刨冰店，應該如何去創造自身價值呢。身為上班族的那段歲月裡，石附先生長年從事業務工作，打著公司名號成功接到不少生意。雖然公司要求的是結果導向，但這樣的作法並不適合個人創業。自己計畫怎麼做，思考後付諸行動，行動後所得到的結果就是最終成果。以自由業者來說，從所得結果來創造自身價值的過程才是信念的根本所在，這個信念指的是透過累積知識和經驗來保護自己。

「自己從沒想過要創造店的價值，或者讓這家店具有什麼特別價值。有時刻意想怎麼做，或者有什麼特別的理想，反而容易事與願違而諸事不順。使用天然冰和自製糖漿，在冬季裡持續供應美味刨冰，純粹都是因為這些是自己能力所及之事。一間店的價值取決於顧客的支持，顧客認同自己的決心與信念，亦即顧客能對自己的想法與作法產生共鳴。當顧客願意再次上門消費，表示這間店在顧客心裡是有價值的。鎖定固定客層的經營策略固然不錯，但我個人覺得這樣有些可惜，無關女性、男性或年紀大小，只要能夠認同我所製作的刨冰，每一個人都非常重要。」

石附先生從創業至今一直貫徹這樣的想法，他的堅定信念深受不少企業讚賞，也因此為他帶來更多嶄新的商機。其中與三得利食品飲料股份有限公司簽訂諮詢顧問契約，就是基於三得利「與水共生」的企業理念與石附先生認為刨冰是一種「吃水」的日本傳統飲食文化的信念一拍即合。

「將日本人『吃水』的文化以具體方式表現出來，自然就能創造出更多商機。這或許就是一種全新的價值。」

3 重視與客人之間的溝通與互動

COMMUNICATION WITH CUSTOMERS

超越制式化的待客方式帶來更多感動與共鳴

餐廳的經營有兩大不可動搖的支柱，「料理」和「待客之道」。其中會讓人在心裡留下深刻印象的「待客之道」更是增加客源所不可或缺的關鍵。

目前『埜庵』的員工包含石附先生的家人（妻子晴子女士、長女千尋小姐、次女汐里小姐）在內共有18人。冬季平日也有7、8人，共同分擔切削冰片、調理食材、接待客人等工作。清甜的天然冰搭配季節性水果自製糖漿所製作而成的獨創刨冰，再加上善解人意的待客之道，這就是客人願意再次上門捧場的最大理由。

「所有員工同甘共苦，換句話說，我們是一個團隊。店裡沒有什麼教戰手冊，我個人也不下任何指導棋。只是讓他們跟著最佳典範的前輩學習切削冰片的技術、共享客人資訊（例如點餐內容、桌號、人數等），培育能夠自行思考並積極付諸行動的人才。來店裡打工的大學生幾乎不會辭職，往往畢業的同時就成為店裡的正職員工。」

另外，在『埜庵』店裡，吸管是員工與客人交流時不可或缺的重要小物。員工隨時巡視店裡各個座席，即時為有需要的客人送上吸管。當刨冰融化成果汁時，即刻為客人遞上吸管，不僅讓客人覺得感謝，貼心的服務更會讓客人留下深刻印象。

「近來有不少店家會直接將吸管置於吧台上，或者一開始就置於桌上的小盒子裡。這種方法確實方便有效率，但本店之所以沒這麼做，真正目的是想藉由遞上吸管的機會觀察每位客人享用刨冰的情況。或許容易錯失最佳時機，甚至沒能遞上吸管，但其實都無所謂，最重要的是希望大家能了解這麼做的用意。」石

附先生表示。

『埜庵』非常重視掌握每一位客人的特徵，例如走過客人身邊若聽到關西腔，立即將資訊與其他員工共享，並且向石附先生報告。如此一來，當客人要離開時，便能打聲招呼「從外地來的嗎？」以增進彼此間的交流。

石附先生的妻子晴子女士，大學時代專攻幼兒教育，曾經擔任幼兒保育員，因此對招待孩童客人特別拿手。

「內人晴子會特別留意上門的小朋友，適時一句『好可愛的帽子』不僅讓家長感到開心，也有助於消除小朋友的緊張情緒。內人的貼心舉動著實令人感到欽佩。近年來為了節省成本而削減人事支出已成常態，但盡可能用雙眼掌握所有客人資訊是一件非常重要的事。員工人數夠多，運作才會順暢。『埜庵』之所以配置這麼多員工，這是主要理由之一。」

石附先生堅定地表示，雖然現在普遍認為雇用太多員工是無謂的浪費，但浪費與否取決於店家的經營態度。適時遞上吸管、與客人之間的自然互動，『埜庵』店裡總是瀰漫舒適、溫馨的氣息。餐飲店供應「美味、好吃」的食物是理所當然，但更重要的是必須讓客人有「很想再去吃一次！」的意願和欲望。

「常聽想創業的人議論著如何招攬客人，但與其招攬完全不認識的客人，倒不如憑藉自己的毅力讓曾經上門的客人願意再次前來捧場，我想這樣應該簡單許多。」

客人的感動與共鳴遠比店裡的教戰手冊來得重要。

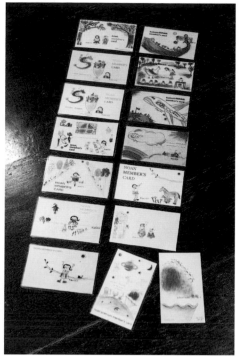

（左）石附先生十分重視客人吃完刨冰後的滿足感，必定事必躬親向客人打招呼並送他們離開。石附先生總和常客的小西先生聊得很開心。（右）2008年發行的會員卡，現在已經變成優惠餐券的封面。設計會員卡的是彩色鉛筆畫家的關谷明子小姐，主題為不同地點的十二生肖，隨著12年的時光流逝，十二生肖全湊齊了。

「當著客人的面親自說聲『謝謝光臨』的次數 肯定不輸給其他人」

石附先生是讓世人知道冬天刨冰的美味、打造刨冰新興事業的先驅者，但這幾年來的刨冰熱潮著實讓他大感意外。

「不久前我還聽說有甜食男這種稱謂，我想初期引領刨冰風潮的應該就是這些人。近年來刨冰專賣店如雨後春筍般增加了不少，整個刨冰市場也變大許多。從刨冰形態到接待客人的方法，尤其是人多時的號碼牌發放方式等都讓我受益良多。」

另外，關於冬季刨冰市場的日漸茁壯，石附先生笑著說：「這要感謝其他刨冰店的努力，讓我也能一起受惠，分一杯羹。」而這確實也是石附先生最初的目標之一。

石附先生剛開業第4、5年的時候，著實吃盡苦頭，但10年來的努力不懈與堅持終於贏得眾人矚目，並且獲得愈來愈多客人的認同。

「全國各地的刨冰專賣店逐漸增加，或許一開始是以仿效他人的方式入行，但每家店應該都要有獨自風格。用心去煩惱、思考，肯定能轉型成一家永續經營的店。親自在店裡仔細觀察也非常重要。我想應該沒有其他店老闆像我一樣這麼頻繁出沒在客人身邊。我非常重視與客人之間的談話，客人離開時，我會盡可能親自向客人道聲『謝謝光臨』並送客人離開。這樣的待客之道，我相信我肯定比其他店老闆或店長還要徹底執行，親自向客人表達謝意的次數也絕對不落人後。不分春夏秋冬或週末假期，總有許多不畏辛苦從市中心轉車前來的客人，或者搭乘新幹線、飛機遠道而來的觀光客特地來到『埜庵』捧場，我由衷感謝大家的支持。而這也是為什麼我想要竭盡全力多與大家互動交流，我希望能讓大家帶著『太好吃了、沒白跑這一趟』的滿足感，開心地踏上歸途。」

THE KAKIKOHORI OF NOAN

深受愛戴的2大熱銷冰品

W草莓・夏季草莓刨冰

草莓刨冰中放入新鮮草莓果凍，這是冬季冰品中最受歡迎的刨冰。取材當天使用長崎縣產的「幸之香」草莓，切成適當大小後放入布丁杯中做成果凍。將果凍隱藏在冰片中，並於冰片頂端澆淋草莓糖漿。隨著冰片逐漸減少，Q彈果凍冒出頭來，那種驚喜令人心生感動。由於夏季不盛產草莓，所以特地至山梨縣北杜市的『AKARI農場』專用溫室裡採收親手栽種的草莓來製作刨冰。這就是全年使用新鮮草莓的『埜庵』草莓刨冰之所以獲得超高人氣與好評的原因。售價為1170日圓（含稅價）。

（左）透明的草莓果凍既有草莓本身的微酸味，也具有自製糖蜜的清甜味。（右）關於糖漿的澆淋次數，基本上為頂端、底部和四周共3次。為了讓每一口刨冰都帶有糖漿美味，要以繞圈方式澆淋在整個刨冰上。

抹茶金時刨冰

基於製作成刨冰也要保留抹茶傳統美味的堅持，抹茶糖漿使用的是愛知縣西尾市葵製茶股份有限公司的抹茶粉。從製作和菓子的加工抹茶粉到茶道專用的高級品，老闆親自品嚐並從中挑選出最適合製作成刨冰的不同等級和不同品牌的抹茶。冰片中放入平塚老字號和菓子店『安榮堂』的紅豆餡，讓大家吃刨冰之餘也能享用抹茶和紅豆的絕佳組合。除此之外，淋上隨附的煉乳，變身成抹茶牛奶的刨冰別有一番風味。抹茶金時刨冰是期間限定版刨冰，最頂端會擺上白玉湯圓象徵月亮，並以紅葉形狀的羊羹作為裝飾，迷人的外觀令人留下深刻印象。售價1170日圓（含稅價）。

堆疊好冰片後，淋上抹茶糖漿，舀取大量紅豆餡擺在冰片中間的凹陷處。總共堆疊3層冰片，讓冰片中飽含空氣，最後再用手微調成圓形高塔形狀。

活用色彩・口感・味道 令人難以忘懷的刨冰

栽種於福島縣・會津地方北部喜多方市的蘋果樹。蘋果裝在袋子裡直到成熟度達臨界點時才摘取，置於冰溫狀態下有助於增加甜度。

蘋果＆奇異果刨冰

這道刨冰所使用的蘋果－福島縣產的「富士」是石附先生的叔父於喜多方市所栽培的品種。將蘋果和奇異果各自磨成泥，加入自製糖蜜製作成水果泥糖漿。冰片的鬆軟口感與糖漿中水果的微酸滋味，共同譜出絕佳美味。用水果磨成泥所製作的糖漿，由於未經加熱處理，不適合大量製作起來備用。售價為1070日圓（含稅價）。

椰奶煉乳刨冰

椰奶和煉乳以2：1的比例製作成糖漿，淋在冰片上再以白玉湯圓作為配料，一道充滿亞洲甜點風情的刨冰就完成了。隨盤附上椰子煉乳，供大家依個人喜好調整甜度。椰奶中的油脂在常溫下容易凝固成塊，若要有滑順口感，製作時必須多費點心思。據説製作方式是「最高機密」。售價為1070日圓（含稅價）。

（左）男性員工進行採冰作業，女性員工負責栽種草莓幼苗。只要親自到出產食材的地方走一遭，用心的態度必定有所改變。（右）招牌菜之一「日式拿坡里義大利麵」（650日圓）充滿令人懷念的古早味。據說這道餐點常出現在菜單中。

襯托並提升天然冰與糖漿各自的美味

近年來刨冰不再只是專屬於夏季的風物詩，在隆冬中享用刨冰的人愈來愈多。『埜庵』即便在冬季也會供應招牌加季節限定刨冰約20多種，使用日光『三之星冰室』的天然冰搭配充滿季節感的水果與食材。

「夏季刨冰的評價取決於最初3口，其次是冰片融化後近似飲料的美味草莓牛奶。但冬季刨冰不容易融化，必須讓客人從第一口到最後一口都有『好吃』的感覺，所以冬季刨冰比較近似甜品。」

另外，決定刨冰美味與否的關鍵之一糖漿可說是新鮮水果的精華濃縮，為了提升糖漿的鮮美度，特地再與自製的糖蜜混拌調製而成。石附先生為了讓客人品嚐天然冰與水果的真正美味，他總是以神農嘗百草的精神親自嚴選食材。

「最近流行減糖，但刨冰終究不是加熱食品，再加上製作好的新鮮糖漿大概於3小時後，品質會開始變得不穩定，基於保水與保存問題，糖量還是必須控制在一定程度以上。亦即砂糖不僅具有調味功用，更具有食安層面的意義。店裡使用糖漿的方法，一般會如下所示。例如不在一開始將柳橙原汁和自製糖蜜混拌在一起，而是先在冰片上澆淋糖蜜，然後再淋上柳橙原汁。利用重疊式的澆淋方法能使柑橘的香氣更突出且更美味。另一方面，糖漿包含糖度、濃度、溫度和黏度4種數值，並非永遠一陳不變，而是要依照季節和冰片切削方式而隨時調整。」

若說到最足以代表『埜庵』的刨冰，當然非草莓抹茶刨冰莫屬。雖然草莓是冬季水果，但為了讓客人在夏天也能吃到新鮮水果刨冰，『埜庵』特別情商有生意往來的農家—山梨縣北杜市的「AKARI農場」栽種夏季品種的草莓。刨冰要好吃，必須使用一定分量的草莓，為了毫不吝嗇地大量使用這些珍貴且昂貴的夏季草莓，『埜庵』特地與農家簽下契約，買下一整座溫室裡的草莓。基於這個緣故，使用夏季新鮮草莓製作的糖漿，當然好吃到令人回味。

「草莓最重視的是新鮮度，雖然夏季草莓本身帶有酸味，但實際製作成糖漿淋在冰片上，反而絕大多數的人都認為夏季的草莓刨冰比較好吃。使用新鮮的夏季草莓製作刨冰，好吃是理所當然。但一般來說，我們用不起太昂貴的食材，我們只能不斷思索，看用什麼方法讓我們也有機會取得這些珍貴食材。天然冰亦是如此。只要使用好的食材，料理自然美味可口。因此我的工作就是思考如何一直保有這些珍貴貨源的機制。」

另外，關於抹茶，『埜庵』自2011年開始與愛知縣西尾市的老字號抹茶製造公司「葵製茶」有生意上的往來。石附先生認為若要透過抹茶來襯托刨冰糖漿的美味，絕對少不了大家熟悉的苦味與澀味。『埜庵』的冬季人氣冰品「惠抹茶刨冰」所使用的抹茶是以「葵之譽」為基底（葵之譽是葵製茶出產的最高級淡茶），活用最高級抹茶特有的風味與鮮味，再搭配具有苦味的抹茶與具有澀味的抹茶，調製成綜合抹茶糖漿。

「最高級的抹茶是以精選的碾茶為原料製作而成，但在高級品中摻入其他品牌的抹茶，這在抹茶世界中是脫離常軌的舉動，一開始真的很害怕被臭罵。」

當時就連製造商也感到相當驚訝，用新創意所製作的抹茶堪稱『埜庵』的自信之作，「真心覺得這是『埜庵』最好吃的刨冰。」

5 日式刨冰產業的進一步擴展

FURTHER EXPANSION OF BUSINESS

切削刨冰並非單純作業，而是要把刨冰視為一門事業來經營

『埜庵』開業至今已有17年。近年來在日本各地的全年無休刨冰專賣店持續增加中，有愈來愈多的粉絲樂於享用冬季刨冰。在這段期間，身為刨冰業界先驅的石附先生致力於將刨冰定位為一門事業，而非只是一種切削冰片的單純工作。除此之外，為了推廣蔚為日本文化之一的刨冰，石附先生出現在各種媒體上的次數增加了，大力傳播刨冰的魅力之餘，也以多維的視野來暢談以刨冰為志業所帶來的榮耀。

另一方面，提出參訪要求的相關業者逐年增加，石附先生全都毫不吝惜地傾囊相授，提供諮詢，指導刨冰店經營訣竅等等。對於一般家庭也想要做出美味刨冰的期望，石附先生同樣有求必應，於2011年出版了『かき氷専門店・埜庵 お家でいただく、ごちそうかき氷（在家享用純天然的日式刨冰）』（KADO-KAWA MEDIA FACTORY）。書中首次公開用於刨冰的基礎糖漿，以及使用水果、煉乳製成的獨家糖漿。這本書年年增刷，甚至暢銷到海外的台灣與香港都出版了翻譯本。

自2013年起，『埜庵』偶爾會於百貨公司的特賣會上擺攤。由於刨冰並非加熱食品，尤其需要注意衛生問題，再加上百貨公司的廚房規模遠大於一般店面的小廚房，所以一天大約可以賣出1000碗以上的刨冰。在神奈川縣的Saikaya藤澤店、橫濱高島屋、SOGO橫濱店、東京都的新宿高島屋都有非常亮眼的成績。

自2015年起，『埜庵』與三得利食品飲料公司（以下簡稱三得利）簽訂諮詢顧問契約，共同開發刨冰相關商品，以及監督製作「高級水果醬糖漿」，並於同年舉辦的『南阿爾卑斯礦泉水』的活動中，提供刨冰機作為贈品與販售限量的「高級水果醬糖漿」。

「刨冰＝吃水是日本的特有文化之一。我的這種信念與三得利「與水共生」的企業理念相近，所以我立志將心力投注在這種日本文化事業中。」

進一步將當地活動擴展至全世界。如同本書一開始石附先生在投稿文中所說，曾經以亞洲代表的身分受邀至美國最盛名的料理學校『美國廚藝學院（The Culinary Institute Of America）簡稱CIA』的加州分校演講，並為大家介紹日本飲食文化的刨冰。這讓石附先生再次體認刨冰不是單純切削冰片並淋上糖漿這麼簡單，這種日本獨特的產物就是一種足以代表日本的日本文化。

（左上）東京都港區的戶外市集「COMMUNE246」曾於2015年6月25至8月31日開設一間期間限定的刨冰店，供應使用「三得利南阿爾卑斯山礦泉水」製成的冰塊所做成的刨冰。（右上）當時石附先生擔任總監，第一天就以「三得利天然冰刨冰機」製作鬆軟可口的刨冰而吸引不少客人上門。（下左、右）2015年6月30日限量販售的「三得利南阿爾卑斯天然水高級水果醬」（香醇草莓、綿密白桃、新鮮柳橙）也是在石附先生親自監督下製作而成。

　　日本近年來於各地舉辦刨冰活動，藉此推動地方產業的發展。例如2016年至2018年曾經於山梨縣北杜市，贊助舉辦使用三得利『南阿爾卑斯礦泉水』製成的冰塊來製作刨冰的活動。

　　另外，始於2018年的新潟縣「新潟刨冰計畫」也曾經舉辦一場刨冰機活動，以協助研磨『埜庵』刨冰機刀片的SAKATA製作所為首，結合了長岡・燕三條的金屬加工、刀片製造技術。

　　「從食材入手的城鎮經濟振興計畫非常多，但從產品製造下手的振興計畫幾乎與刨冰扯不上關係。因此，如此罕見的嘗試，真的值得關注一下。」

　　刨冰並非只是單純的切削冰片作業，刨冰是一門內含高深學問的事業，石附先生將會帶著這份榮耀持續致力於推廣刨冰的相關活動。

TITLE

刨冰　夢幻冰涼逸品開店教本

STAFF		ORIGINAL JAPANESE EDITION STAFF	
出版	瑞昇文化事業股份有限公司	カバーデザイン	野村義彦（LILAC）
編著	旭屋出版編輯部	本文デザイン	野村義彦（LILAC）　金坂義之（オーラム）
監修	『埜庵』石附浩太郎　根岸清	取材・執筆	稲葉友子　亀高斉　三上恵子　安武晶子　山本あゆみ
譯者	龔亭芬		虻川実花　諫山力　シキタリエ　高橋晴美　中西沙織
		撮影	後藤弘行　曽我浩一郎（旭屋出版）
總編輯	郭湘齡		合田慎二　内田昂司　太田昌宏　香西ジュン　佐々木雅久
文字編輯	徐承義　蕭妤秦　張聿雯		田中慶　戸高慶一郎　花田真知子　ふるさとあやの　松井ヒロシ
美術編輯	許菩真	画像提供	細島雅代
排版	二次方數位設計　翁慧玲	編集	前田和彦　斉藤明子（旭屋出版）
製版	印研科技有限公司	リサーチ協力	黒澤あすか　杉本恵子（旭屋出版）　戸田竜也
印刷	龍岡數位文化股份有限公司		

法律顧問	立勤國際法律事務所　黃沛聲律師
戶名	瑞昇文化事業股份有限公司
劃撥帳號	19598343
地址	新北市中和區景平路464巷2弄1-4號
電話	(02)2945-3191
傳真	(02)2945-3190
網址	www.rising-books.com.tw
Mail	deepblue@rising-books.com.tw

本版日期	2021年3月
定價	480元

國家圖書館出版品預行編目資料

刨冰：夢幻冰涼逸品開店教本 / 旭屋出
版編輯部編著；龔亭芬譯. -- 初版. -- 新
北市：瑞昇文化, 2020.07
176　面；20.7x28　公分
譯自：かき氷 for Professional
ISBN 978-986-401-425-5(平裝)

1.冰 2.點心食譜

427.46　　　　　　　　　　109007878